Inhaltsverzeichnis

Vorwort

Ein saures Aufstoßen, Brennen in der Speiseröhre und Stechen in der Brust. Bei diesen unangenehmen Anzeichen kann schnell mal die Sorge auftreten, „ist alles ok mit meinem Körper?" Vor allem der Schmerz in der der Nähe des Herzens fühlt sich an wie ein Herzinfarkt und führt mit Unwissenheit zu Unwohlsein.

Wenn man mal in sich geht und feststellt, dass gerade in letzter Zeit eine gesunde Lebensweise ziemlich vernachlässigt wurde, sieht man gute Gründe warum sich der eigene Körper nun bemerkbar macht. Der regelmäßige Verzehr von Alkohol, üppiges Essen, wenig Bewegung und dazu noch ein erhöhter Nikotinverzehr war vielleicht doch nicht so ideal für den Körper und Gesundheit.

Ein Arztbesuch ist in einem solchen Fall unbedingt ratsam. Schnell kann sich zeigen, dass es sich nicht um einen Herzinfarkt handelt, denn ähnliche Symptome weisen hierbei auf eine gereizte und entzündete Speiseröhre hin. Klingt ja schon mal erleichternd. Es ist nicht immer eindeutig festzustellen, doch viele Menschen haben die Last mit vorübergehenden Sodbrennen, welche besonders durch die entsprechende Lebensweise verursacht wird.

Setzen die Symptome ab und zu ein und verhalten sich harmlos, kann man versuchen mit ein paar Optimierungen damit zu leben. Entwickelt sich der unangenehme Zustand jedoch dauerhaft und die Magensäure läuft zurück in die Speiseröhre, kann es zu ernsthafteren Schäden führen. Insbesondere, wenn der Magensaft bis in Rachen und Mund läuft, kommen weitere Beschwerden auf. Betroffene klagen z.B. von ständigem Räuspern oder chronischer Heiserkeit. Dies sind Zeichen dafür, dass inzwischen eine Reflux Erkrankung vorliegt.

In Deutschland leidet etwa 30 Prozent der Bevölkerung innerhalb eines Jahres unter Problemen mit Reflux. 60 bis 90 Prozent dieser Betroffenen haben die Beschwerden schon seit längerer Zeit, was heißt über Jahre hinweg. Dabei wird die Krankheit chronisch.

Sodbrennen kann gelegentlich bei vollkommen gesunden Menschen vorkommen. Häufig ist sehr fettes oder auch scharfes Essen dafür verantwortlich und Ursache dafür. Wenn jedoch die Beschwerden immer häufiger vorkommen und den täglichen Alltag beeinträchtigen, sollte in jedem Fall näher geschaut werden. Dann kann der Grund dafür sein, dass es sich um eine Entzündung der Speiseröhre handelt und damit eine Refluxerkrankung vorliegt. Besonders wichtig ist dann einen Arzt aufzusuchen, um die Ursache hierfür auf den Grund zu gehen.

Oft kann es der Fall sein, dass die Nahrung und Lebensweise dafür verantwortlich sind. Es können jedoch auch andere Gründe vorliegen. Zum Beispiel ist es bei vielen Erkrankten der Fall, dass der Verschluss zwischen Speiseröhre und Magen nicht richtig funktioniert. Dadurch fließt der Mageninhalt automatisch zurück in die Speiseröhre und erzeugt folgend das Reizen in diesem Bereich.

Sodbrennen

Ursachen

Der Rückfluss von Magensäure in die Speiseröhre kann die Folge unterschiedlicher Ursachen haben. Nicht bei allen Menschen verursacht der Rückfluss Probleme und kann bei gesunden Menschen ohne Beschwerden vorkommen. Besonders nach dem Essen ist das hierbei der Fall. Etwa 2/3 der Menschen mit Beschwerden sind langfristig davon betroffen, was heißt es ist bereits chronisch.

Unabhängig von der Säure können diese auch durch eine Dehnung der Speiseröhre oder durch Lebensmittel, welche die Speiseröhre reizen, entstehen. Auch eine überempfindliche Speiseröhre kann die Ursache für Sodbrennen sein.

Meistens sind saures Aufstoßen, Übelkeit oder schmerzlicher Druck im Herzbereich Anzeichen für Sodbrennen. Ursache hierfür die Erschlaffung des unteren Teils des Speiseröhren-Schließmuskels. Dieser ist grundsätzlich dafür verantwortlich, dass der Speisebrei nicht wieder zurückfließt. Versagt dieser Muskel kommt der saure Inhalt in Kontakt mit der Speiseröhre und löst die Probleme aus. Einen großen Einfluss hat hier die Nahrung, welche man aufnimmt und wie diese zusammengesetzt ist.

Handelt es sich um eine besonders fetthaltige Mahlzeit wird das Hormon „Cholezystokinin“ freigesetzt und reduziert den Muskel um 30 Prozent. Wobei Kohlenhydrate relativ neutral sind, erhöhen eiweißhaltige Mahlzeiten den Druck um die Hälfte. Auch weil der Körper länger braucht, um Fette aus dem Magen in den Darm zu befördern, werden Signale vom Nervensystem an den Magen gesendet. Diese sagen ihm, dass er etwas langsamer arbeiten soll. Jedoch verweilt dann die Nahrung auch länger im Magen und es entsteht mehr Gas, welches entweichen muss. Wenn dieses dann in die Speiseröhre gelangt, hat es auch schon eine Verbindung zur

Magensäure gegeben, welche dahingehend das Sodbrennen verursacht.

Mahlzeiten mit besonders fettigen Essen, üppigen Portionen, große Mengen an Alkohol, Kaffee und Nikotin können eine Herausforderung für die Muskelspannung des Schließmuskels sein sowie auch den Bewegungsmodus der Speiseröhre stören. Weiterhin kann eine Drucksteigerung entstehen, welche bestimmte Medikamente, Stress, zu enge Kleidung oder auch eine Schwangerschaft als Ursache haben.

Hilfreiche Tipps

Um Sodbrennen vorzubeugen spielen vor allem die Wahl sowie auch die Beschaffenheit der Lebensmittel, welche wir zu uns nehmen eine wichtige Rolle. Besonders sehr süße, stark gewürzte, stark säure- und kohlensäurehaltige Lebensmittel verursachen Sodbrennen.

Speisen wie Tabasco und Chilli, Zwiebeln und Rettich sind mit Vorsicht zu genießen. Getränke wie Tomaten- und Orangensaft, Weiss- und Rotwein, Whisky, Wodka und Bier sind weitere Beispiele, welche zu Sodbrennen führen können. Auch Kaffeekonsum kann dazu beitragen, da aufgrund der Säure in den grünen Bohnen die Produktion von Salz im Magen verstärkt wird.

Eine Linderung verspricht die Reduzierung von Übergewicht. Es ist einfach gesagt, doch mit der Verfolgung eines gesunden Lebensstils wird zum einen Gewicht reduziert sowie zum anderen auch die Nahrungsauswahl optimiert.

Die Auswahl von Kleidung trägt zu einem gewissen Teil zum Wohlbefinden bei. Man sollte auf jeden Fall darauf achten, dass auf zu enge Kleidung verzichtet wird. Denn diese erzeugt weiteren Druck, welchen Organe nicht ihre vollkommene Funktion ermöglichen. Dieser Tipp benötigt keinen großen Aufwand, daher vielleicht einfach mal ausprobieren, ob sich Symptome verändern.

Eine gute Aufteilung von Mahlzeiten kann äußerst hilfreich sein. Dabei könnte man probieren anstatt wenige große Mahlzeiten, den Körper auf mehrere kleine umzustellen. Vor allem am Abend sollten es eher leichtere Mahlzeiten sein, welche nicht in großen Maßen eingenommen werden. Auch die Verminderung von fetthaltigen Essen am Abend kann schon viel ausmachen.

Wenn bekannt ist, dass bestimmte Lebensmittel nicht besonders gut und einfach vertragen werden, ist es hilfreich sie am besten ganz wegzulassen. Aus Erfahrung hat man meist schon ein paar Erfahrungswerte, ob es Lebensmittel gibt, welche immer zu Problemen führen. Wichtig hierbei ist auf den eigenen Körper und das Wohlfühlbefinden zu hören und an besonders bekömmlichen Lebensmitteln festzuhalten.

Die Temperatur von Getränken und Essen kann ausschlaggeben sein. Extrem heiße und kalte Nahrung ist immer etwas schwieriger zu verarbeiten als die in eigener oder ähnlicher Körpertemperatur. Sehr heiße oder kalte Getränke sollten grundsätzlich vermieden werden. Es kann auch der Fall sein, dass es eine bestimmte bevorzugte Temperatur gibt, in der Lebensmittel am bekömmlichsten für den Körper sind. Am besten macht man ein paar Tests, falls dies noch nicht beachtet wurde. Jeder Körper ist individuell und hat seine Präferenzen.

Der Verzehr von kohlesäurereichem Mineralwasser am besten ganz vermeiden. Erfahrungswerte zeigen, dass viele Menschen hierbei Probleme bekommen, da die Säure im Wasser eine weitere Herausforderung für den Magen ist.

Stichpunkt Säure – eine Lebensweise, welche hier entgegenwirkt, ist die basenreiche Ernährung. Diese vermeidet es dem Körper in großen Teilen säurehaltige Lebensmittel zuzuführen. Neben der Chance Sodbrennen zu verringern, hat diese Ernährungsform noch viele weitere positive Nebeneffekte, welche sich auf die Gesundheit auswirken.

Rauchen kann einen großen Einfluss auf Sodbrennen haben sowie den gesundheitlichen Zustand des Körpers ausmachen. Es gibt heutzutage schon viele Möglichkeiten, welchen einen Rauchentzug unterstützen. Wenn man erst mal anfängt sich mit dem Thema auseinanderzusetzen und einem die gesundheitlichen Aspekte bewusst werden, tun sich vielleicht noch weitere Gründe auf das Rauchen zu reduzieren. Vielleicht gibt es ein paar alternative gesunde Aktivitäten, welche hierbei praktisch sind.

Wenn es zu Tipps zu Essenzeiten kommt, ist zu empfehlen am besten 3-4 Stunden vor dem Schlafengehen die letzte Mahlzeit einzunehmen. Dann hat der Körper genügend Zeit zu verdauen und auch der Schlaf wird bekömmlicher. Am besten auch 2 Stunden vor dem Schlafengehen den letzten Alkohol trinken, je nachdem ob dieser verzehrt werden möchte.

Falls es jedoch mal später wird oder man möchte mit Hilfe der perfekten Schlafposition Sodbrennen entgegen zu wirken, kann man versuchen mit einem erhöhten Oberkörper schlafen zu gehen. Wird dieser um 15 – 20 Grad hochverlagert, kann der Rückfluss des Mageninhaltes verringert oder auch ganz gestoppt werden. Es kann auch schon helfen sich auf die linke Körperseite zu legen. Der Magenverschluss liegt dann oben und wird entlastet. Auch dieser Tipp kann auf einfachen Weg getestet werden. Vorausgesetzt natürlich man fühlt sich in dieser Schlafposition wohl und kann genussvoll die wohlverdiente Nachtruhe einnehmen.

Ein weiteres Wundermittel, welches keinen großen Aufwand benötigt, ist ein bisschen Bewegung nach einer reichhaltigen Mahlzeit zu integrieren. Das heißt anstatt dem Nickerchen und Hinlegen – was Sodbrennen und Reflux eher verschlimmert – mal raus und aktiv an die frische Luft. Sobald der Körper erfährt, dass dies eine gute Lösung ist, wird die Motivation in Zukunft dafür steigen und der Körper wird dankbar dafür sein.

Ein altes Hausmittel gegen Sodbrennen ist Natron (Natriumhydrogencarbonat). Auch nur eine kleine Menge kann die Magensäure neutralisieren und so Sodbrennen vermeiden. Die Umsetzung ist einfach, denn es reicht einen Teelöffel Backnatron in ein großes Glas mit stillem Wasser zu geben und die Flüssigkeit in kleinen Schlucken zu sich zu nehmen. Jedoch ist diese Maßnahme mit Vorschicht zu genießen. Sollte unser Körper überschüssiges Natron erhalten, verwertet er auch dieses und scheidet es nicht einfach aus. Das hat zu Folge das der pH-Wert des Körpers durcheinandergebracht werden kann und Magenschmerzen und Durchfall die Folge sind. Weiterhin bildet sich durch das Auflösen von Natron im Wasser Kohlendioxid. Ähnlich wie bei kohlensäurehaltigem Wasser kann es dann zu Aufstoßen kommen oder dem gleichen Effekt von Magensäure in der Speiseröhre hervorrufen. Daher diesen Tipp bitte mit Achtsamkeit und langsamen Austesten probieren.

Ein vielleicht etwas ungewöhnlicher Tipp ist das Kauen von Kaugummi. Dadurch wird die Produktion von Speichel, welcher leicht basisch ist, angeregt und kann dabei helfen Magensäure in der Speiseröhre zu neutralisieren. Weiterhin kann die Funktion helfen, dass Speichel die Magensäure verdünnt und durch das Schlucken wieder in Richtung Magen befördert wird. Falls man kein Kaugummi kauen möchte, kann man auch zu Bonbons und Pastillen greifen, denn auch hier wird die Speichelproduktion angeregt. Zu beachten wäre jedoch idealerweise die zuckerfreie Option und ein anschließendes Zähneputzen.

Desgleichen kann auch das Trinken von Wasser die Magensäure verdünnen und wieder dahin bringen wo sie hingehört. Durch das Befreien des sauren Mageninhalts, kann eine Linderung der empfindlichen Schleimhaut stattfinden. Zu empfehlen ist hierbei lauwarmes und stilles Wasser oder Tees mit wenig Säure, wie z.B. Kamillentee.

Es gibt auch so genannte „Rollkuren“ bei denen ist das Ziel die gereizte Magenschleimhaut mit einer heilenden Flüssigkeit zu versorgen. Am besten nimmt man hierzu Kamillentee oder Kartoffelsaft. Die Rollkur führt man wie folgt durch: Den Saft als erstes auf nüchternen Magen trinken und auf den Rücken legen. Nach 5 Minuten wieder trinken und sich auf die rechte Seite legen. Nach weiteren 5 Minuten wieder Trinken und ein Wechsel in die Bauchlage durchführen. Nach weiterem Trinken kann dann die Position auf die linke Seite eingenommen werden. So hat man dann die komplette

Magenschleimhaut mit der Flüssigkeit ummantelt. Diese Übung kann täglich durchgeführt werden und es rät sich eine Woche lang zu testen, ob sich Verbesserungen der Beschwerden auftun.

Da Sodbrennen durch Stress entstehen kann, gibt es Entspannungstechniken, welche helfen können. Die Vielfalt ist groß und es ist wichtig die eigene vorgezogene Aktivität zu finden. Um ein paar zu nennen, da wären z.B. Yoga, autogenes Training oder Qi Gong zu empfehlen, welche helfen den Körper und auch den Verdauungstrakt zu entspannen. Am besten informiert man sich, ob es Kurse gibt, welche in der Umgebung angeboten werden und testet verschiedene Entspannungstechniken aus. Es sind inzwischen auch schon viele Ratgeber am Markt (Bücher, Online, Apps u.a.), welche man für sich alleine nutzen kann, um die Methoden zu lernen. Auf jeden Fall braucht eine Integration in den täglichen Alltag Zeit und Geduld und man sollte sich mental und physisch Zeit geben. Der Körper nimmt sich seine Zeit bis er auf einer entspannteren Grundbasis lebt.

Welche Lebensmittel sollten eher gemieden werden und welche sind hilfreich?

Alle Lebensmittel, welche als schwer verdaulich bekannt sind, wie z.B. unterschiedliche Kohlsorten, Pilze oder auch Hülsenfrüchte sollten am besten vermieden werden. Grund dafür ist, dass sie Substanzen freisetzen, welche die Magenentleerung verzögern und auch zur Erschlaffung der Speiseröhrenmuskulatur beitragen. Der Schließmuskel hat Schwierigkeiten seine volle Leistung zu bringen und die Magensäure findet seinen Weg in die Speiseröhre, welches das Reizen auslöst.

Wichtig ist auf jeden Fall Lebensmittel mit hohen Zuckeranteil zu minimieren oder am besten ganz weglassen. Es wäre gut nur selten besonders fette und stark gewürzte Speisen zu essen. Negativ auswirken können sich vor allem Pommes, Räucherwaren oder auch Chillipulver und Knoblauch. Hinsichtlich der Zubereitung können Speisen mit weniger Fett zubereitet werden indem man sie dünstet, gart oder dämpft.

Weiterhin zeigen Erkenntnisse, dass besonders Joghurt mit Vorsicht zu genießen ist. Die Wirkung auf Sodbrennen kann man mit der von Zitrusfrüchten vergleichen. Daher ist fettarme Milch und Sojamilch die bessere Alternative.

Anstatt kohlensäurehaltigen Wasser und Limonaden wäre stilles Wasser oder Tee mögliche Varianten. Auch saure Fruchtsäfte können verstärkt Reizungen ausmachen. Tee bietet dahingehend eine gute Alternative. Zu beachten ist hierbei die Vermeidung von schwarzem Tee, da sein Koffein zur Schwächung des Muskels zwischen Magen und Speiseröhre herbeiführen kann.

Auch alkoholische Getränke sollten in Maße getrunken oder am besten ganz weggelassen werden. Ganz besonders Weißwein oder Alkohol mit Kohlensäure wie z.B. Weißbier oder Sekt am besten vermeiden. Auch hochprozentigen und säurehaltigen Alkohol wie Schnaps bieten sich nicht besonders an.

Der Kaffeekonsum kann einen großen Einfluss auf das Wohlbefinden des Magens haben. Daher wäre es ratsam, diesen zu minimieren oder mit anderen Getränken ersetzen. Tee bietet sich auch hierbei als Alternative an, denn die Vielfalt und Auswahl ist groß. Vielleicht findet ja man eine leckere Sorte, um tägliche Routinen nicht ganz wegfallen zu lassen.

So wie es Lebensmittel gibt, welche besser vermieden werden sollten, gibt es auch eine Bandbreite, die besonders bekömmlich für unseren Körper sind.

Der Ansatz von pflanzlichen Mitteln hat schon vielen Betroffenen geholfen Beschwerden zu lindern. Es ist zu beachten, dass die Qualität stimmt sowie die Konzentration der Heilpflanzen in den Präparaten. Daher am besten immer genau die Inhaltsangaben prüfen, insbesondere bei den Angeboten im Supermarkt. Eine gute Alternative sind Produkte in der Apotheke, wo man Lösungen, Tropfen und Tees in Arzneimittelqualität erhält. Zu nennen wären unter anderem Kamille, Süßholzwurzel, Angelika Wurzel, bittere Schleifenblume, Eibischwurzel, Liebstöckel, Mädesüß, Ingwer, Kümmelfrüchte sowie Artischocke. Heilprodukte auf natürlicher Basis haben sich schon seit Jahrhunderten mit guter Wirkung gezeigt. Vor allem, wenn man auf Schulmedizin erst mal verzichten möchte, kann man sich in diesem Feld vorerst umschauen.

Wenn wir nun generell von Lebensmitteln sprechen, welche besonders bekömmlich sind, gibt es eine Bandbreite von Nahrung, welche eine Ernährung im gesunden Lebensstil anbieten. Dabei wären Vollkornprodukte, wie Brot, Reis und Nudeln zu nennen. Auch Kartoffeln haben einen niedrigen Säuregehalt und sind sehr bekömmlich. Demgemäß sind alle stärkehaltigen Nahrungsmittel zu empfehlen, denn sie binden den Überschuss an Magensäure und lindern das Sodbrennen.

Wenn man gerne Obst mag, sind Bananen, Weintrauben und Erdbeeren zu empfehlen. Auch Salate oder Gemüsesorten wie Brokkoli, Möhren und Spinat können in den Ernährungsplan integriert werden.

Bezüglich Öle und Fette bedarf es eine qualitative und gesunde Wahl zu treffen, wie z.B. Oliven- und Leinöl. Milchprodukte können auch verzehrt werden, jedoch hierbei am besten zur fettarmen Variante greifen. Fisch und Fleischwaren bieten sich in der fettarmen Option an. Zum Beispiel Lachs und Hühnchen sind verträglich und gesund. Weiterhin runden Kräuter Rezepte ab. Dabei können Basilikum und Petersilie den Geschmack verfeinern und sollten ohne Probleme verzehrbar sein.

Als Tipp kann man auch ein Glas Milch trinken oder das Kauen von Nüssen hilft in manchen Fällen die Magensäure zu neutralisieren. Jedoch sollte dies getestet werden, denn durch einen leicht sauren pH-Wert kann Milch das Sodbrennen bei manchen Menschen verstärken. Weiterhin ist besonders bei Kuhmilch der Fettgehalt zu überprüfen, denn dieser kann den Säurewert im Magen zusätzlich erhöhen. Da die Verdauung von Fetten länger dauert, wird dadurch auch mehr Magensäure produziert.

Als Hausmittel bekannt ist auch die Einnahme von einem Löffel Senf nach der Mahlzeit. Die darin enthaltenen Senföle können das Entstehen von Reflux verhindern.

Die Schonung der Speiseröhre kann auch durch einen Leinsamen-Aufguss ermöglicht werden. Dabei nimmt man einen Esslöffel Leinsamen, am besten im geschroteten Zustand und gibt ihn in einen Becher. Dazu Wasser geben und etwa 20 Minuten darin quellen lassen. Das zubereitete Getränk kann man dann im Laufe des Tages trinken. Falls der Leinsamen nicht verzerrt werden möchte, kann dieser auch in ein Teesäckchen gepackt werden und vor dem Trinken entfernt werden. Weiterhin kann man Kartoffelsaft in der täglichen Nahrung integrieren werden. Einfach vor jeder Mahlzeit etwa 100 ml in kleinen Schlucken trinken.

Als ein Helfer in akuten Fällen bietet sich auch ein Stück gekochte Kartoffel oder als gepressten Saft an. Dieser bindet überschüssige Säure sowie trägt der Linderung von Sodbrennen bei. Man kann rohe Kartoffeln im Entsafter pressen oder auch in der Apotheke fertig kaufen.

Weiterhin gibt es die Möglichkeit von Heilerde. Dies ist ein mineralhaltiges Pulver, welches überschüssige Magensäure bindet. Erhältlich ist Heilerde in der Apotheke oder Drogerie. Ein bis zwei Teelöffel Heilerde in ein Glas mit Wasser ohne Kohlensäure geben und trinken kann das Wohlbefinden fördern.

Als bewährtes Hausmittel kann der Verzehr von Sauerkraut helfen. Wenn schmerzhaftes Brennen bereits vorliegt, können einige Gabeln Sauerkraut entgegenwirken. Jedoch ist zu beachten, dass rohes Sauerkaut auch Blähungen verursachen kann.

Weitere Lebensmittel, welche sich als Hausmittel anbieten sind Samen (Sonnenblumen- und Kürbiskerne), Nüsse (Haselnüsse, Mandeln, Cashew), Zwieback, trockenes Brot, Gurke mit Schale oder Reis- und Reiswaffeln.

Insgesamt sollte auf den individuellen Körper gehört werden, welche Nahrung bekömmlich ist. Dabei ist nicht nur auf die Wahl zu achten, sondern auch auf das Essverhalten. Für die tägliche Mahlzeit bedarf es sich Zeit zu nehmen und gründlich zu kauen. Wenn man seine Mahlzeiten als wichtigen Teil in seinem Alltag integriert und mit Genuss wahrnimmt, wird auch der Körper dafür danken und das Essen fördernd und auf angenehme Weise verdauen.

Reflux

Was ist das?

Bei Reflux handelt es sich, um einen Rückfluss des Speisebreis inbegriffen Magensäure in die Speiseröhre. In einem gesunden Zustand gibt es einen Mechanismus, welcher von dem Schließmuskel gesteuert wird. Ist dieser jedoch geschwächt oder die Magensäureproduktion übersteigt das normale Maß fehlt die Abdichtung im oberen Teil. Dadurch bewegt sich der Mageninhalt in die entgegengesetzte Richtung. Weiterhin ist es für die Speiseröhrenmuskulatur nicht möglich, den Mageninhalt wieder zurückzupressen. Reflux ist die häufigste Erkrankung der Speiseröhre. Sie kann bei jedem gesunden Menschen auftreten und ist häufig bei älteren Menschen oder in der Spätschwangerschaft zu beobachten.

Unser Magen ist dazu ausgelegt, die Bestandteile unserer Nahrung zu verdauen und entsprechende Erreger für Krankheiten zu vernichten. Dazu produziert er Salzsäure, welche den Mageninhalt sauer macht. Kommt es hierbei nun dazu, dass dieser Mageninhalt in die Speiseröhre gerät, entsteht das Problem des Refluxes. Da die Schleimhaut der Speiseröhre sehr empfindlich ist und keinen Schutz vor der aggressiven Magensäure bietet, sind die Folgen Schmerzen und Entzündungen.

Meist ist Reflux eine dauerhafte Erkrankung und tritt in Schüben auf. Da gibt es freie Phasen sowie Phasen mit abwechselnden Beschwerden. Der Angriff der Speiseröhre ist keine Voraussetzung. 2 von 3 Personen haben bei Reflux-Symptomen keine entzündete Speiseröhre, es kommt jedoch zu den unangenehmen Effekten.

Symptome

Reflux Symptome können sich auf verschiedene Art & Weise zeigen. Eine Form ist Sodbrennen oder saures Aufstoßen. Auch Schluckbeschwerden können auftreten. Bei vielen Menschen zeigt sich ein Druckgefühl hinter dem Brustbein, welcher auch zu Reizhusten und Heiserkeit führen kann.

Wenn die Anzeichen sich verstärken, kann es auch zu Übelkeit oder sogar Erbrechen kommen. Insgesamt entwickeln sich Symptome zu einem unangenehmen Gefühl mit schlechtem Geschmack im Mund. Auch Asthmaanfälle oder eine belegte Stimme können ein Symptom für Reflux sein.

Das unerträgliche Gefühlt verstärkt sich je nach Körperhaltung. Befindet sich der Körper im Liegen und Bücken oder auch bei Anstrengung können sich die Zeichen verschlimmern.

Auch Zahnschmerzen können entstehen. Wenn der zurücklaufende Magensaft in die Luftröhre gerät, reizt er weiterhin die Atemwege. Steigt er bis zum Mund auf, werden weiterhin die Zähne angegriffen.

Wie entsteht Reflux?

Ein von Natur aus schwacher Speiseröhrenschließmuskel kann die Entstehung von Reflux verursachen. Ist die Selbstreinigungsfähigkeit der Speiseröhre vermindert, können Beschwerden auftreten.

Jedoch hat die Lebensweise auch einen großen Einfluss auf die Entstehung von Reflux. Da wären zum Beispiel eine sehr fetthaltige Ernährung, Nikotinkonsum, Alkohol, Kaffeekonsum oder auch Stress kann Symptome hervorrufen. Zu stark gesüßte oder saure Speisen und Getränke überfordern den Magen. Wenn zu viel Säure produziert wird oder der Magen sich zu langsam leert, führt dies zu einem Ungleichgewicht. Dies kann vor allem durch das falsche Essen oder auch durch zu enge Kleidung der Fall sein.

Darüber hinaus kann die Folge von bestimmten Medikamenten Ursache sein. Darunter fallen Präparate zur Behandlung von Bluthochdruck (Kalziumantagonisten) sowie Mittel, welche Pfefferminzöl erhalten, Psychopharmaka, Acetylsalicylsäure (ASS) und Nitrate. Auch bei gefäßerweiternden Mittel, welche unter anderem bei Herzenge, Herzmuskelschwäche und Herzinfarkt eingesetzt werden, besteht das Risiko für Reflux. Desgleichen, die „Pille" kann Beschwerden fördern.

Entleerungsstörungen des Magens oder die Schädigung von Nerven sind ebenfalls als Ursachen bekannt. Das kann zum Beispiel durch Diabetes mellitus entstehen.

Eine zu enge Speiseröhre oder durch andere krankhafte Veränderungen können die Entstehung von Reflux fördern. Ein Beispiel ist die Rheumatische Erkrankung wie Sklerodermie, welche als Basis von Reflux ernst zu nehmen ist.

Bei älteren Menschen kann die Ursache ein Zwerchfellbruch sein. Das Zwerchfell ist der Muskel, welcher den Bauch- und Brustraum voneinander trennt. Die Speiseröhre ist im Idealfall so gelegen, dass sie durch eine schmale Lücke im Zwerchfell geht und im Magen endet. Entsteht eine größere Lücke durch einen Zwerchfellbruch bewegt sich der Magen durch die Lücke in den oben gelegenen Brustraum. Dadurch ist der Verschluss nicht mehr dicht und Magensaft fließt zurück in die Speiseröhre

Weitere organische Ursachen für Reflux können auch ein Speiseröhrenkrampf, Achalasie genannt oder Geschwülste und Tumore sein. Auch wenn ein Rückfluss von Dünndarminhalt in den Magen stattfindet, kann dies auch zu Reflux führen.

Übergewicht kann zu Reflux führen und die etwas mehr Pfunde können auf die Speiseröhre und Magen drücken sowie das Verdauungssystem dadurch belasten. Somit ist der Verschluss der Engstelle am Ende der Speiseröhre beeinflusst und nicht vollkommen funktionsfähig.

Es kann in dem letzten Drittel der Schwangerschaft zu einem verstärkten Auftreten von Reflux kommen. Der Grund hierbei ist die Vergrößerung der Gebärmutter, Druck im Bauchraum und die Hormonumstellung. Etwa die Hälfte aller Schwangeren leidet unter Sodbrennen. Jedoch verschwinden die Symptome allgemein nach der Entbindung.

Welche Arten von Reflux gibt es?

Der Rückfluss von Säure kann in gasförmiger oder flüssiger Form erfolgen und wird in verschiedene Schwerformen der Krankheit unterschieden.

GERD

Unter GERD, aus dem Englischen „Gastro-Esophageal Reflux Disease“ versteht man die Refluxerkrankung, welche sich sichtbar in Veränderungen auf der Schleimhaut und in der Speiseröhre abzeichnen. Auch als "erosive reflux disease" genannt.

NERD

Wenn typische Symptome wie zum Beispiel Sodbrennen auftreten, die Schleimhaut jedoch nicht betroffen ist und sich auch keine Schäden bei einer Spiegelung der Speiseröhre aufzeigen, sprechen wir von NERD, „Non Erosive Reflux Disease“.

Stiller Reflux

Der stille Reflux, auch unter dem Begriff „extraösophageale Symptome“ bezeichnet, beinhaltet alle Schädigungen außerhalb der Speiseröhre. Die Reizungen durch die Säure befinden sich an den Stimmbändern und dem Kehlkopf sowie es folgen Laryngitis mit Halsschmerzen, Heiserkeit und Sprechproblemen. Schluckbeschwerden können durch die Schwellungen aufgrund der Entzündungen im Hals führen. Die Säurereizungen spielen sich im Bereich der Luftröhre, der Nase und Nasennebenhöhlen ab. Die vermehrte Schleimbildung kann weiterhin zum Anschein von Allergie werden oder bereits vorhandene Allergien verstärken. Weitere Probleme können dann durch chronischen Husten und Räusperzwang entstehen oder auch Formen von Asthma annehmen. Auch die Entzündungen im Bereich von Ohren und Nasennebenhöhlen können unter stillen Reflux fallen.

Der stille Reflux ist zu unterscheiden, denn er schließt Sodbrennen aus. Auch wenn man nicht von diesem Symptom gequält ist, kann ein stiller Reflux sich weiterhin heimlich entwickeln, was zu Folgekrankheiten führen kann. Daher ist eine regelmäßige Kontrolle wichtig, vor allem wenn Refluxerkrankungen in der Familie vorliegen oder es schon mal Probleme mit Reflux gab.

Die oben genannten Begriffe werden auch im deutschen Sprachgebrauch verwendet.

Wie kann eine Refluxerkrankung beim Arzt erkannt werden?

An erster Stelle steht eine ausführliche Befragung über die grundsätzlichen Lebensgewohnheiten an. Zusätzlich wird eine umfangreiche körperliche Untersuchung durchgeführt, welche Aufschluss über den aktuellen Zustand gibt.

Für eine verlässliche Diagnose ist nicht auszuschließen die Speiseröhrenschleimhaut zu betrachten und zu beurteilen wie die Beschaffenheit ist. Dies kann mit einem Endoskop durchgeführt werden – auch als „Spiegelung der Speiseröhre“ bekannt. Ziemlich schnell kann der Arzt einsehen, ob eine Entzündung vorliegt und in welchem Ausmaß. Der untersuchende Arzt kann so Proben entnehmen und anschließend in einer feingeweblichen Untersuchung feststellen, ob es Veränderungen im Gewebe gibt.

Eine weitere Untersuchungsmöglichkeit nennt sich „Manometrie“. Hierbei kann der Druck der Speiseröhre gemessen werden. Der Arzt führt einen Katheter bis in den Magen ein. Dann praktiziert der Patient das Schlucken von Flüssigkeit und während dessen zieht der Doktor den Katheder in Richtung des unteren Speiseröhrenschließmuskels. Für die genaue Untersuchung des Schluckakt kann eine Röntgenuntersuchung dienen. Der Patient schluckt hierbei einen Kontrastbrei. Sollten auch Beschwerden wie Räusperzwang, Heiserkeit oder Halsschmerzen vorhanden sein, ist es gut auch eine Untersuchung der Atemwege durchzuführen. Dies kann von einem Hals-Nasen-Ohren-Arzt übernommen werden.

Was kann man dagegen tun?

Die Linderung von Reflux kann schon durch die alleinige Ernährungsumstellung geschehen. Dazu gibt es wirksame Medikamente, welche unterstützen. Bei starken Beeinträchtigungen von Reflux kann auch eine Operation durchgeführt werden.

Wie im vorherigen Kapiteln erwähnt, kann das Verfolgen eines gesunden Lebensstils die Lösung für die Beschwerden sein. Die Tipps gegen Sodbrennen können sich daher auch sehr gut auf die Linderung von Reflux auswirken. Dahingehend ist es wichtig Zeit und Geduld zu haben, so dass sich der Körper umstellen kann und an eine verträgliche Nahrung gewöhnt. Es kann jedoch auch der Fall sein, dass der Reflux andere Ursachen hat und die Nahrungsumstellung keine Verbesserung zeigt.

Es gibt die Option Medikamente einzusetzen. Sie helfen in der Einnahmezeit, es kann jedoch vorkommen, dass sich die Symptome anschließend wieder verschlechtern. Besteht ein Verdacht auf Reflux kann eine Probebehandlung durchgeführt werden. Wenn nach 2 Wochen die Beschwerden gelindert sind, kann man davon ausgehen, dass eine Refluxerkrankung vorliegt.

Da wären zum Beispiel „Protonenpumpenhemmer“, wobei die Magensaftproduktion unterdrückt wird. Die passiert dadurch, dass ein Enzym gehemmt wird. Vielen Menschen hilft dieses Medikament, es können jedoch weiterhin Beschwerden mit Reflux insbesondere in der Nacht auftreten. „Protonenpumpenhemmer“ sind in geringer Dosierung rezeptfrei erhältlich. Für eine höhere Dosierung ist jedoch die Befürwortung eines Arztes mit einem Rezept notwendig.

Ein alternatives Medikament sind „H2-Rezeptblocker“, welche die Bindung des Hormons Histamin blockieren. Dieses Hormon ist verantwortlich für die Menge an Magensaft und kann durch die Einnahme des Medikaments verkleinert werden. Eine Linderung der Beschwerden kann auf diesem Wege erfolgen.

Es gibt noch weitere medizinische Lösungen, welche eine Einnahme verbessern können. Da gibt es zum Beispiel Bindemittel, genannt

„Antazida“, die den sauren Magensaft neutralisieren. Dieses Medikament wurde früher sehr oft eingesetzt. Dann findet man „Alginat“, welche den Mageninhalt in eine gelartige Konsistenz verändert und damit den Rückfluss des Mageninhalts stoppen soll. Ein weiteres Medikament, nennt sich „Prokinetika“, dass dem Magen hilft sich schneller zu entleeren und der Rückfluss des Mageninhaltes in die Speiseröhre dadurch verringert. Wie man sieht, die Ansätze für eine Optimierung sind kreativ.

Die zu Letzt genannten Medikamente wie „Antazida“, „Alginat“ und „Prokinetika“ sind in ihrer Wirkung jedoch nicht immer verlässlich, da jeder Körper anders. Zuvor kann man es nur leider nicht genau sagen, ob die Präparate anschlagen. Sie sind auf jeden Fall eine Option, wenn nur leichtes Sodbrennen auftritt oder die zuvor beschriebenen Medikamente nicht anschlagen. Erhältlich sind diese Mittel rezeptfrei.

Wichtig zu beachten, wenn man zu Medikamenten greift, dass diese auch immer mit Nebenwirkungen kommen können. Die Wahl eines alternativen Medikamentes (auch von der gleichen Kategorie) oder auch die Veränderung der Dosis können schon enorme Auswirkungen haben. Um ein paar nicht zu vernachlässigen Risiken zu nennen, „Protonenpumpenhemmer“ können zu Übelkeit, Durchfall und Erbrechen führen. Weiterhin Schmerzen im oberen Bauch, Kopfschmerzen und Schluckbeschwerden. Wird das Medikament länger als ein Jahr eingenommen, verstärkt sich das Risiko für Knochenbrüche. Auch die Möglichkeit, dass „Protonenpumpenhemmer“ Lungenentzündungen, schwerwiegende Darminfektionen oder auch Herz-Kreislauf-Probleme verursachen, werden zurzeit noch untersucht.

Die Nebenwirkungen von „H2-Rezeptorblockern“ sind etwas geringer, es kann jedoch auch zu Kopfschmerzen und Übelkeit kommen. Daher ist die Einnahme von zusätzlichen Mitteln immer fraglich und sollte auf jeden Fall erst nach einem natürlichen Ansatz für die Verbesserung der Beschwerden beansprucht werden. Sowie ist auch immer der ärztliche Rat von einer Fachperson hilfreich.

Sollte auch der Einsatz von Medikamenten keine Veränderung hervorbringen, entscheiden sich Betroffene auch für eine Operation. Je nach individuellem Fall werden verschiedene Methoden eingesetzt, so dass es der Säure nicht mehr gelingt in die Speiseröhre zurückzufließen. Der obere Teil des Magens kann zum Beispiel um das untere Ende der Speiseröhre gelegt werden und an Organen wie Speiseröhre, Zwerchfell oder Magen festgenäht werden. Dadurch wird der untere Teil der Speisröhre verstärkt und verhindert, dass der Magensaft in den oberen Teil gelangt.

Jedoch ist auch hierbei zu beachten, dass jede Operation mit Risiken kommt. Nach einer Anti-Reflux-Operation klagen viele Menschen über Aufstoßen und Blähungen. Auch Schluckbeschwerden treten auf. Wie bei allen Operationen ist auch zu beachten, dass durch den Eingriff Organverletzungen, Infektionen und Blutungen auftreten können. Besonders die Verletzung des Verdauungstrakts hat hier ein erhöhtes Risiko.

Daher ist eine gute Alternative, erst mal selbst an ein „paar Rädchen“ zu drehen und schauen wie der Körper reagiert. Ziemlich nützlich können hier das Austesten sowie das Führen ein tägliches Tagebuch über die persönlichen Beschwerden sein. Es ist wichtig genau zu notieren, wann und zu welcher Tageszeit die Symptome einsetzen. Zu beobachten wäre weiterhin in welcher Situation man sich befindet. Herrscht Stress oder sind es bestimmte Gegebenheiten oder Umgebungen in denen man sich befindet? Kehren diese wiederholend auf? Als dritte Information wäre gut festzuhalten, welche Nahrung man zu sich genommen hat, inbegriffen Essen und Getränke. Anhand dieses Tagebuches kann man selbst schon nach kürzester Zeit rausfinden, ob es bestimmte Auslöser gibt, welche man zukünftig minimieren kann.

Sollte man selbst mit der Umstellung und Integration einer neuen, passenden Lebensform in den Alltag überfordert sein, gibt es viele Ärzte und Beratungspersonen, die gerne ihr Wissen und Erfahrung bereitstellen. Ausschlaggebend ist auf jeden Fall eine Veränderung durchzuführen und offen zu sein Lösungen für das persönliche Wohlbefinden zu finden.

Wozu kann es führen? (Folgekrankheiten)

Ist die Diagnose für Reflux gegeben, ist es wichtig die Ursache dafür herauszufinden und entsprechend zu minimieren, denn als Konsequenz können sich weitere Krankheitsbilder entwickeln. Folgekrankheiten wie Kehlkopfentzündungen oder Bronchitis sind kein Einzelfall sowie auch schwerwiegende Krankheiten wie Asthma und Speiseröhrenkrebs können sich langfristig entwickeln. Bei etwa 0,1 Prozent der Reflux Betroffenen entwickelt sich daraus eine Krebserkrankung.

Halten die Beschwerden auf längere Zeit an, beeinflusst das nicht nur unser tägliches Leben und Wohlbefinden, sondern es führt zu gefährlichen Veränderungen auf der Schleimhaut. Die Säureattacken können zu dem so genannten „Barett-Syndrom" führen, welche eine Vorstufe des Speiseröhrenkrebs ist. Diese entsteht durch die Zellveränderung in der Magen- und Speiseröhrengegend. Daher sollte dann unbedingt mit einer Spiegelung des Magens und der Speiseröhre die Veränderungen beobachtet werden sowie auch entsprechend endoskopisch behoben werden.

Eine weitere Komplikation ist die Verengung der Speiseröhre. Dies könnte entstanden sein, wenn durch eine starke Entzündung in der Speisröhre eine Narbe entstanden ist. Sollte die Narbe eine einwandfreie Öffnung der Speiseröhre verringen, kann es zu Schluckproblemen führen und die Funktionsweise der Speiseröhre beinträchtigen.

Wenn Säureattacken und Schmerzen sehr häufig auftreten, rät es sich einen Arzt aufzusuchen. Gerade wenn Schluckbeschwerden vorliegen, Schwellungen im Bauchraum und eine übermäßige Gewichtzunahme. Dies kann auch der Grund für Bakterien sein, welche sich im Magen festgesetzt haben und weitere gefährliche Krankheiten auslösen können.

Die Beschwerden von Reflux und Sodbrennen können den Alltag stark belasten. Neben dem allgemeinen Unwohlsein bleibt auch Schlaf aus. Der Genuss an Essen und Trinken sowie das soziale

Beisammensein zeigt sich als Herausforderung. Daher ziehen sich manche Menschen aus dem sozialen Leben total zurück, isolieren sich und melden sich oft krank. Dies kann weiterhin zu Depressionen und anderen psychischen Erkrankungen führen.

Unabhängig davon sehen Experten bevorzugt die Früherkennung und eine gute Chance einer Heilung/Linderung mit dem Einsatz von Behandlungsmethoden und Arzneimitteln. Viele Betroffene berichten, dass mit etwas Anpassung der Lebensweise eine gute Aussicht besteht der Krankheit entgegen zu wirken. Geduld ist hierbei gefragt und vor allem kann Rat vom Arzt oder anderen Betroffen weiterhelfen einen individuellen und gesunden Lebensstil zu verfolgen.

Rezepte

Frühstück

Dinkelmüslimix mit Beeren oder Weintrauben

Zubereitungszeit: 15 Minuten

Nährwertangaben: Kalorien: 419 kcal, Kohlenhydrate: 32 g, Fett: 25 g, Eiweiß: 13 g

Zutaten für 2 Personen:

- 2 EL gehackte Mandeln
- 2 EL Kokosraspeln
- 1 EL Sonnenblumenkerne
- 2 TL natives Kokosöl
- 2 EL Dinkelvollkornflocken
- 250 g Beerenmischung, alternativ: Weintrauben
- 300 g fettarmer Naturjoghurt (alt. pflanzliche Variante)
- 2 TL Limettensaft
- ¼ TL gemahlene Vanille

Zubereitung:

1. Gehackte Mandeln, Kokosraspeln und Sonnenblumenkerne in eine Schüssel geben und mischen.
2. Kokosöl in einer beschichteten Pfanne bei mittlerer Hitze erwärmen. Die Mischung ca. 5 Minuten unter gelegentlichen Wenden rösten bis sie eine goldene Bräune annimmt.
3. Wenn man es süß mag, kann man 2 TL flüssigen Honig dazugeben. Dann die Dinkelvollkornflocken beifügen.
4. Nach der Röstung den Dinkelmix auf einen kühlen Unterfläche wie z.B. Teller oder Brettchen ausbreiten und auskühlen lassen.

5. Die Beerenmischung oder Weintrauben säubern und nach dem Waschen trocknen.
6. Joghurt in einer Schüssel geben und mit gemahlener Vanille und Limettensaft mischen.
7. Joghurtmischung auf 2 Gläser aufteilen, Dinkelmüslimix als nächste Schicht einfüllen und das Obst als oberste Schicht darauf dekorieren.
8. Das Müsli kann auch in größeren Portionen vorbereitet werden jedoch schmeckt es nach der frischen Röstung besonders lecker.

Quarkfrische mit Früchten und Nüssen

Zubereitungszeit: 10 Minuten

Nährwertangaben: Kalorien: 617 kcal, Kohlenhydrate: 45 g, Fett: 36 g, Eiweiß: 25 g

Zutaten für 1 Portion:

- 3 EL fettarme Milch (alt. pflanzliche Variante)
- 3 EL Magerquark
- 1 EL Walnussöl
- 1 EL Leinöl
- 1 TL Honig, alt. Ahornsirup
- 1 TL Zitronensaft
- Obst nach Wahl und Verträglichkeit (Bsp. Banane, Erdbeeren, Apfel)
- 1 Handvoll Nüsse (Mandeln, Haselnüsse, Pistazien etc.)

Zubereitung:

1. Früchte säubern, trocknen und in große Stücke aufbereiten. Alle Zutaten bis auf die Nüsse in einen Standmixer geben oder alternativ mit einem Pürierstab mixen.
2. Nüsse nach Belieben zerkleinern oder grob hacken. Je nach Wunsch können diese direkt verwendet werden oder nach kurzem Erhitzen in einer beschichteten Pfanne. Nach einer Röstung schmecken sie besonders intensiv.
3. Die Fruchtmischung in einer Schale füllen und mit Nüssen dekorieren. Nach Wahl können auch nicht pürierte Früchte dazugegeben werden um das Frühstück noch bunter zu gestalten.

Exotischer Reisporridge

Zubereitungszeit: 25 Minuten, Kochzeit: ca. 45 Minuten

Nährwertangaben: Kalorien: 769 kcal, Kohlenhydrate: 112 g, Fett: 26 g, Eiweiß: 17 g

Zutaten für 1 Portion:

- 90 g Vollkornreis
- 230 ml fettarme Milch (alt. pflanzliche Variante)
- 1 Handvoll Blätter von Zitronenmelisse
- 2 EL Kokoschips
- ½ EL Ahornsirup
- ½ Messerspitze Kardamom
- ½ TL Zimt
- 20 g getrocknete Mango (alternativ: getrocknete Apfelringe)
- 2 EL Bananenchips

Zubereitung:

1. 240 ml Wasser in einen Topf geben und im kochenden Zustand Reis hinzufügen. Kochtopf mit einem Deckel bedecken und 45 Minuten lang bei niedrigerer Hitze köcheln lassen. Gelegentlich umrühren bis das Wasser vollkommen vom Reis aufgesogen ist.
2. In einen weiteren Topf Milch erhitzen, den gekochten Reis dazugeben und aufkochen lassen. Anschließend unter niedrigerer Hitze und Rühren die Reismischung weitere 5-6 Minuten kochen lassen.
3. Getrocknete Mango oder Apfelringe in Stücke schneiden und die Bananenchips zerkleinern. Zitronenmelisse waschen, trocknen und die Blätter von den Stielen entfernen.
4. Die cremige Konsistenz mit getrockneter Mango/Apfelringen, Ahornsirup, Kardamom und Zimt bereichern. Weiterhin Rühren und weiterhin leicht köcheln lassen für etwa 3 Minuten.
5. Reisporridge in eine Schale geben und die Kokos- und Bananenchips darüber streuen. Mit Blättern der Zitronenmelisse garnieren, um dem exotischen Reisporridge damit seine Frischenote zu verleihen.
6. Auch die Vorbereitung des Porridges am Vortag ist möglich. Nach

dem Kochen abkühlen lassen und weiterhin kühl lagern. Dieser ist auch kalt ein Genuss und da der Reis noch weiter mit den Gewürzen durchzieht, kann man sich am nächsten auf ein besonders intensives Geschmackerlebnis freuen.

Traditioneller Hafer- oder Dinkelbrei

Zubereitungszeit: 20 Minuten

Nährwertangaben: Kalorien: 375 kcal, Kohlenhydrate: 33 g, Fett: 18 g, Eiweiß: 18 g

Zutaten für 2 Personen:

- 6 EL (60 g) Hafer-/Dinkelflocken
- ½ l fettarme Milch
- 50 g Mandeln
- Obst nach Wahl, z.B. Banane, Apfel

Zubereitung:

1. Milch und Hafer-/Dinkelflocken in einem Topf geben und aufkochen lassen. 2 Minuten lang kochen lassen und dabei das Rühren nicht vergessen, damit die Mischung nicht anbrennt.
2. Mandeln hacken und in die Mischung einrühren. Einmal kurz aufkochen lassen und etwa 10 Minuten ziehen lassen.
3. Obst verzehrfertig zubereiten, zum Beispiel eine Banane mit einer Gabel zerdrücken oder Apfel raspeln. Brei in zwei Schalen geben und Obst in den noch warmen Brei geben.
4. Je nach Wunsch kann der Hafer-/Dinkelbrei warm sowie auch kalt verzehrt werden. Auch als Dessert kann der Brei dienen und ist in seiner Einfachheit magenschonend und schnell zubereitet.

Herzhaftes Dinkel-Quinoa-Brot

Zubereitungszeit: 20 Minuten, Quellzeit: 10-60 Minuten, Backzeit: 75 Minuten

Nährwertangaben (Scheibe = 60 g, ganzes Brot = 20 Scheiben):
Kalorien: 138 kcal, Kohlenhydrate: 16 g, Fett: 7 g, Eiweiß: 3 g

Zutaten für 1 Brot:

- 2,5 Tassen Dinkelvollkornmehl
- 1 Tasse Quinoa (alt. Quinoamehl oder -flocken)
- 2 TL gemahlene Flohsamen-Schalen
- 3 Tassen Mandelmilch (ungesüßt)
- ½ Tasse Olivenöl
- 1,5 TL Backpulver
- 1 TL Meersalz
- ½ Tasse frische Kräuter

Zubereitung:

1. Eine Pfanne erhitzen und Quinoa darin anrösten bis das Aroma der Röstung aufsteigt. Sollten Quinoamehl oder -flocken genutzt werden, müssen diese nicht angeröstet werden.
2. Quinoa, Dinkelmehl, Flohsamen-Schalen, Backpulver, Meersalz und Kräuter miteinander vermengen.
3. Anschließend Mandelmilch und Olivenöl hinzufügen und mit Handrührgerät oder Küchenmaschine verrühren.
4. Die fertige Masse etwa 10-60 Minuten ruhen lassen. Je länger die Masse steht, desto intensiver kann der Flohsamen quellen und fördert das Backergebnis.
5. Für das Backen den Ofen mit 180 Grad (165 Grad Umluft) vorheizen. Dazu eine Backform (ca. 20 x 10cm) mit etwas Olivenöl dünn einfetten und den Boden mit Backpapier auslegen.
6. Nach der Ruhezeit den Teig umrühren und die etwas zähflüssige Menge mit einem Teigschaber oder alternativ einem Löffel in die Backform geben. Die Backzeit beträgt je nach Ofen und Konsistenz der Mischung etwa 75 Minuten. Am besten etwa nach 60 Minuten mit einem Holzstäbchen den Zustand testen. Das Brot ist fertig, wenn der Teig nicht am Holz klebt. Die Backzeit kann dementsprechend anpasst werden.

7. Ist das Brot fertig gebacken, kann es von allen Seiten der Form gelöst werden. Dann gut auskühlen lassen und stürzen.

8. Je nach Geschmack ist das Brot Grundlage für pikanten Belag sowie kann auch für süße Brotaufstriche dienen. Auch als Snack zum Mitnehmen bietet es sich gut an.

Müsliwunder über Nacht

Zubereitungszeit: 30 Minuten, Ruhezeit: 1 Nacht

Nährwertangaben: Kalorien: 545 kcal, Kohlenhydrate: 47 g, Fett: 31 g, Eiweiß: 14 g

Zutaten für 2 Portionen:

- 200 ml fettarme Milch
- 100 g Sahne
- 7 Walnüsse
- 6 EL Haferflocken (kernig)
- 2 EL Leinsamen (gold)
- 2 EL Rosinen
- 2 große Äpfel

Zubereitung für 1 Portion:

1. Nüsse nach bevorzugter Größe zerkleinern und mit Haferflocken, Leinsamen und Rosinen vermischen. In einen verschließbaren Behälter geben und die Menge mit Wasser anfüllen bis sie bedeckt ist. Dies ist die Basis für das Frühstück am nächsten Tag, daher über Nacht im Kühlschrank aufbewahren.
2. Am nächsten Morgen die Äpfel waschen und entkernen sowie weiterhin mit einem Küchengerät/-reibe raspeln.
3. Das vorbereite Müsli vom Vortag mit den zerkleinerten Äpfeln vermischen und in zwei Schalen/Gläser einfüllen.
4. Die Müslimischung mit Milch und Sahne toppen und genießen.

Hähnchenbrustcreme mit Pfirsichfrucht

Zubereitungszeit: ca. 30 Minuten

Nährwertangaben: Kalorien: 405 kcal, Kohlenhydrate: 22 g, Fett: 25 g, Eiweiß: 21 g

Zutaten für 2 Portionen:

- 100 g gegarte Hähnchenbrust
- 2 EL Schmand
- 60 g Walnusskerne
- 1 Messerspitze Currypulver
- 1 Prise Salz
- 1 Nektarine oder Pfirsich
- 1 Bund Rucola
- 2 Scheiben Vollkorntoast (alt. Knäckebrot)

Zubereitung:

1. Die gegarte Hähnchenbrust in kleine Stücke schneiden und zusammen mit Schmand und Walnüssen in einen Standmixer geben. Alternativ können die Zutaten auch mit einem Stabmixer püriert werden. Currypulver dazu geben und mit Salz abschmecken.
2. Nektarine und Rucola fein säubern und abtrocknen. Der Rucola kann dann zerkleinert werden und mit der Hühnerbrustcreme vermischt werden.
3. Vollkorntoast oder alternativ Knäckebrot mit der Creme bestreichen.
4. Als Deko und zur süßen Verfeinerung die Nektarine in gleichmäßige Spalten schneiden und auf die Toastscheiben mit der Creme belegen.
5. Das Rezept ist besonders geeignet für Fans von salzigen/pikanten Frühstück.

Veganes Früchtebuffet mit Streusel & Topping

Zubereitungszeit: ca. 30 Minuten

Nährwertangaben: Kalorien: 584 kcal, Kohlenhydrate: 70 g, Fett: 21 g, Eiweiß: 16 g

Zutaten für 2 Personen:

- 200 g Sojajoghurt
- 40 g zarte Haferflocken
- 60 g Nusskerne (z.B. Mandeln oder Haselnüsse)
- 250 g Aprikosen
- 300 g Beeren (z. B. Brom- und Erdbeeren)
- 40 g getrocknete Kirschen
- ½ TL Vanille aus der Schote
- 4 EL Agavendicksaft
- 2 EL Rohrohrzucker
- 2 EL Zitronensaft
- 1 Prise Zimt

Zubereitung:

1. Beeren und Aprikosen säubern, waschen und trocknen. Die Aprikosen entkernen und in gleichmäßige Spalten schneiden. Danach beide Früchte zusammen mit Zitronensaft, Vanille und Zucker vermischen.
2. In einem anderen Behälter Nusskerne, Kirschen und Haferflocken mit 3 EL Agavendicksaft und dem Zimt zusammengeben. Diese Menge mit einem Hacker zerkleinern bis man Streusel erhält.
3. Die Früchte in ein schönes Gefäß füllen und Streusel Mix darüber verteilen. Den Sojajoghurt mit dem restlichen Agavendicksaft süßen und als Topping oder Dip servieren.

Nektarinen-Hefekuchen

Zubereitungszeit: 10 Minuten, Ruhezeit: 2 x 30 Minuten, Backzeit: 20 Minuten

Nährwertangaben: Kalorien: 164 kcal, Kohlenhydrate: 29 g, Fett: 4 g, Eiweiß: 2 g

Zutaten für 12 Stück (Backform, Ø 26cm)

- 50 g Margarine
- 50 g Buchweizenmehl
- 150 g Zwerghirse
- 50 g Kartoffelstärke
- 1 Päckchen Trockenhefe
- 800 g Nektarinen
- 150 ml Reismilch
- 50 g Rohrzucker
- Fett für die Form (z.B. Margarine, Butter, Kokosfett)

Zubereitung:

1. Margarine mit Buchweizenmehl, Zwerghirse, Kartoffelstäre, Hefe, Reismilch und Rohrzucker vermischen und zu einem Teig mit glatter Konsistenz kneten. Diesen an einen warmen Ort für etwa 30 Minuten ruhen lassen. Nach Ablauf der Zeit erneut gut durchkneten und für weitere 30 Minuten aufgehen lassen.
2. Der Backofen kann inzwischen auf 180 Grad vorgeheizt werden und eine Backform eingefettet werden. Die Form mit dem Teig füllen und den Teig ausrollen, so dass der Boden bedeckt ist.
3. Nektarinen für etwa eine Minute lang in kochendes Wasser tauchen und anschließend mit kaltem Wasser abschrecken. Dann können sie enthäutet, halbiert und entkernt werden. Danach in mundgerechte Spalten schneiden.
4. Die vorbereiteten Nektarinen können nun gleichmäßig auf den Teig verteilt werden und der Kuchen ist bereit für den Ofen.
5. Nach etwa 20 Minuten im Backofen (160 Grad Mitte/Umluft) kann das Kuchenwunder den Ofen verlassen und nach etwas Abkühlung verzerrt werden. Der leckere Nektarinen-Hefekuchen kann auch aufbewahrt werden und im kalten Zustand genussvoll verzerrt werden.

Beerenobst mit karamellisierten Nüssen

Zubereitungszeit: 15 Minuten

Nährwertangaben: Kalorien: 526 kcal, Kohlenhydrate: 72 g, Fett: 21 g, Eiweiß: 8 g

Zutaten für 2 Personen:

- 200 g Blaubeeren
- 200 g Himbeeren
- 2 Birnen
- 4 EL Leinsamen
- 6 EL Cashewnüsse
- 2 TL Walnussöl
- 2 EL Honig
- Minze- oder Zitronenmelisseblätter

Zubereitung:

1. Blau- und Himbeeren sowie Birne waschen und säubern. Birnen schälen und in kleine Stückchen aufbereiten.
2. Leinsamen und Cashewnüsse für einen kurzen Moment im Walnussöl anrösten. Den Honig dazugeben und karamellisieren lassen.
3. Nachdem die Nüsse abgekühlt sind auf dem Obst verteilen und mit erfrischenden Minze- oder Zitronenmelisseblättern servieren.

Quinoa-Pancakes mit Früchten

Zubereitungszeit: Minuten, Backzeit: 6 Minuten

Nährwertangaben: Kalorien: 554 kcal, Kohlenhydrate: 86 g, Fett: 17 g, Eiweiß: 12 g

Zutaten für 2 Portionen:

- 150 g Buchweizenmehl
- 150 ml Mandelmilch (ungesüßt)
- 2 EL Mandelmus
- 1 Prise Salz
- 1 Prise Zimt
- 2 EL Zucker
- 3 EL gepuffte Quinoa
- ½ Tasse frische Erdbeeren oder Blaubeeren
- 2 EL Sonnenblumenöl

Zubereitung:

1. Eine Schüssel nehmen und Buchweizenmehl, Zucker, Salz sowie Zimt miteinander vermischen. Unter Rühren Mandelmilch und -muss hinzufügen, bis ein flüssiger Teig entsteht.
2. Sonnenblumenöl in einer beschichteten Pfanne erhitzen und darin den Teig in etwa drei gleich großen Portionen gießen.
3. Quinoa auf die Pancakes streuen und nach drei Minuten wenden. Weitere 3 Minuten backen, bis der Teig durchgebacken ist.
4. Während des Backvorgangs Früchte waschen und trocknen. Je nach Belieben Erdbeeren in Scheiben schneiden.
5. Nach dem Backen die Pancakes noch warm auf Teller servieren und mit Beeren dekorieren.

Fruchtiger Buchweizengries

Zubereitungszeit: 30 Minuten, Kochzeit: 10 Minuten

Nährwertangaben: Kalorien: 515 kcal, Kohlenhydrate: 91 g, Fett: 12 g, Eiweiß: 8 g

Zutaten für 1 Portion:

- 2 kleine Karotte
- 2 Äpfel
- 1 Banane
- 50 g Buchweizengrieß
- 400 ml Wasser
- 1 EL Rapsöl (nativ)
- Salz

Zubereitung:

1. Wasser aufstellen und mit einer Prise Salz aufkochen lassen. Den Buchweizengrieß in einem Sieb unter fließendem Wasser sauber waschen. Daraufhin den Grieß in das kochende Wasser einrühren und weitere 5 Minuten bei kleiner Temperatur weiterkochen. Danach vom Herd nehmen und das heiße Wasser abgießen.
2. Die Karotten und Äpfel unter kaltem Wasser reinigen sowie anschließend schälen. Dann mit einer Küchenreibe verzehrfertig schneiden und aufbereiten. Banane mit einer Gabel zerdrücken. Anstatt dieser Form kann auch der Standmixer genutzt werden und geschälte Karotten, Äpfel und Banane mit dem Öl püriert werden.
3. Nun kann der Karotten-Früchte-Mix mit dem Buchweizengrieß gemischt werden. Der Brei überzeugt in seinem fruchtigen Geschmack und kann bei größeren Portionen mehrere Tage im Kühlschrank vorgelagert werden.

Bananenporridge mit Sesam

Zubereitungszeit: 30 Minuten

Nährwertangaben: Kalorien: 269 kcal, Kohlenhydrate: 38 g, Fett: 6 g, Eiweiß: 13 g

Zutaten für 4 Portionen:

- 125 g zarte Haferflocken
- ½ l Wasser
- 1 Prise Salz
- 1 Msp. Ingwerpulver
- 1 EL Sesamsamen
- 1 Bio-Zitrone (bei Bedarf weglassen)
- 300 g Quark (fettarm)
- 2 Bananen
- 2 EL Honig

Zubereitung:

1. Die Mischung von Haferflocken, Wasser, Salz und Ingwer in einem Topf aufkochen lassen und etwa 5 Minuten ruhen lassen.
2. Eine beschichtete Pfanne erhitzen und Sesamsamen rösten bis er eine goldbraune Farbe annimmt. Fett ist dazu nicht notwendig.
3. Die Zitrone waschen und mit einer Reibe die Schale leicht reiben. Die Schale dann mit Quark und Honig zusammenmischen
4. Den Porridge auf vier Gläser/Schalen gleichmäßig verteilen und den Quark darüber geben.
5. Die Banane in feine Scheiben zubereiten und auf den Quark garnieren. Den gerösteten Sesam darüber streuen und mit Honig für den süßen Geschmack abstimmen.

Belegte Puten-Avocado Bagel

Zubereitungszeit: 15 Minuten

Nährwertangaben: Kalorien: 755 kcal, Kohlenhydrate: 68 g, Fett: 35 g, Eiweiß: 37 g

Zutaten für 4 Portionen:

- 4 Bagels (natur)
- 2 reife Avocados
- Putenfleisch (ca. 400 g)
- 2 mittelgroße Tomaten
- 2 Orangen
- 1 EL Rapsöl
- ¼ l Limettensaft
- Kräutersalz
- Weißer Pfeffer
- 1 Handvoll gehackte Petersilie und Schnittlauch

Zubereitung:

1. Avocadofleisch aus der Frucht entnehmen und mit einer Gabel zerdrücken. Limette pressen und 2 TL vom Saft mit der Avocado mischen. Mit Salz und Pfeffer nach Belieben würzen.
2. Das Putenfleisch in Scheiben schneiden (ca. 1 cm) und mit Salz & Pfeffer abschmecken. Anschließend im erhitzten Rapsöl in einer Pfanne anbraten. Beide Seiten benötigen etwa 4 Minuten
3. Tomaten waschen, die Stiele entfernen und in feine Spalten zubereiten. Orangen schälen und in mundgerechte Stücke zerkleinern. Kräuter wachen, abtrocknen und grob hacken.
4. Bagels toasten und die untere Hälfte mit dem Avocadomus bedecken. Dann mit gegrillter Putenbrust, Tomaten, Orangen und Kräutern belegen und die zweite Bagelhälfte darauflegen.

Süßes Brot aus Banane

Zubereitungszeit: 30 Minuten, Backzeit: 25-30 Minuten

Nährwertangaben: Kalorien: 235 kcal, Kohlenhydrate: 41 g, Fett: 5 g, Eiweiß: 5 g

Zutaten für 20 Portionen:

- 500 g Haferflocken
- 2 Päckchen Backpulver
- 6 Bananen
- 2 TL Zimt
- 100 g Walnüsse
- 600 g Datteln

Zubereitung:

1. Datteln einweichen indem man sie in eine Schüssel gibt und mit heißem Wasser übergießt. Sie nehmen dadurch die Flüssigkeit auf und werden weicher.
2. Walnüsse hacken und Haferflocken mit einer Mühle oder Küchenmaschine zu einem Mehl aufbereiten.
3. Die Schale der Banane entfernen und mit einer Gabel zerdrücken. Dazu die Datteln geben und mit dem Standmixer oder Küchenmaschine zu einem Brei mischen. Falls notwendig kann Wasser hinzugegeben werden.
4. Das Haferflockenmehl, Backpulver und eine Prise Salz miteinander mischen und mit dem Bananen-Dattel Mix zu einem Brotteig vermengen. Weiterhin je nach Geschmack Zimt dazu geben und die gehackten Walnüsse unter den Teig mischen.
5. Eine Brotbackform am Boden mit Backpapier belegen und Teig hineinfüllen. Das Brot bei 220 Grad bei mittlerer Hitze etwa für 25-30 Minuten backen lassen. Dann das Brot aus dem Ofen nehmen und abkühlen lassen bevor es geschnitten werden kann.

Porridge mit Apfel und Kerne-Blüten-Mix

Zubereitungszeit: 15 Minuten

Nährwertangaben: Kalorien: 305 kcal, Kohlenhydrate: 47 g, Fett: 8 g, Eiweiß: 9 g

Zutaten für 4 Portionen:

- 200 g Haferflocken
- 300 ml Hafermilch
- 300 ml Wasser
- 1 TL Kurkuma
- 2 Prise schwarzer Pfeffer
- 2 TL Kokosöl
- 2 TL Honig oder Ahornsirup (optional)
- 2 Äpfel
- 2 TL Leinsamen
- 2 TL Sonnenblumenkerne
- 2 TL Buchweizen
- 2 TL Blütenpollen

Zubereitung:

1. Äpfel waschen, Kerne entfernen und in feine Scheiben schneiden.
2. Leinsamen, Buchweizen, Sonnenblumenkerne und Blütenpollen miteinander vermischen.
3. Für das Porridge Haferflocken mit Milch und Wasser zum Kochen bringen. Weitere 10 Minuten bei kleiner Temperatur aufquellen lassen. Wichtig ist zwischendurch zu rühren, damit es nicht anbrennen kann.
4. Den Porridge mit Kurkuma, Pfeffer und Kokosöl seinen Geschmack verleihen und je nach Geschmack Honig dazugeben. Abhängig von der Konsistenz kann auch gelegentlich Wasser hinzugefügt werden.
5. Die Mischung in Schalen füllen, mit Apfelscheiben garnieren sowie mit dem Mix von Kernen & Blütenpollen bestreuen.

Kokos-Hafer und Himbeeren

Zubereitungszeit: 5 Minuten, Ruhezeit: 1 Nacht

Nährwertangaben: Kalorien: 495 kcal, Kohlenhydrate: 40 g, Fett: 27 g, Eiweiß: 18 g

Zutaten für 1 Person:

- 40 g Haferflocken
- 100 ml Kokosdrink (ungesüßt)
- 100 g Himbeeren (tiefgekühlt)
- 100 g fettarmer Naturquark
- Mineralwasser
- 2 EL Kokos-Chips

Zubereitung:

1. Haferflocken und Kokosdrink vermischen.
2. Die Hälfte der Himbeeren in eine Schüssel geben, mit Gabel zerdrücken und anschließend zu dem Hafer-Kokos-Mix mischen. Die Masse in einen verschließbaren Behälter füllen.
3. Den Quark mit etwas Wasser glattrühren und die andere Hälfte der Himbeeren dazu geben. Dann die Mischung auf die Masse der Hafer-Kokos Flocken Menge füllen.
4. Nun kann der Behälter geschlossen werden und über Nacht im Kühlschrank ziehen.
5. Zum Frühstück dann den Mix mit Kokos-Chips bestreuen und je nach Geschmack umrühren oder das Frühstück in den zwei Schichten genießen.

Glutenfreie Müslimischung

Zubereitungszeit: 5 Minuten, Ruhezeit: 1 Nacht

Nährwertangaben: Kalorien: 490 kcal, Kohlenhydrate: 22 g, Fett: 36 g, Eiweiß: 14 g

Zutaten für 1 Portion:

- 2 EL glutenfreie Haferflocken
- 2 EL Chia-Samen
- 2 EL gepuffter Amaranth
- 2 EL Koskoflocken
- 1 EL geschrotete Leinsamen
- 1 EL Gojibeeren
- 1 TL Hanfsamen
- 1 TL Sesam
- 1 Tasse Mandelmilch (ungesüßt)

Zubereitung:

1. Alle Zutaten miteinander vermengen und in einen verschließbaren Behälter oder Schraubglas füllen. Falls es bevorzugt wird das Müsli in einer flüssigeren Form zu genießen, können auch 2 Tassen Mandelmilch genutzt werden.
2. Den Behälter schließen und über Nacht im Kühlschrank aufbewahren.
3. Zum Frühstück kann der Müslimischung mit frischen Früchten wie z.B. Banane, Apfel oder auch Beeren zubereitet werden.

Grießkuchen mit Himbeerquark

Zubereitungszeit: ca. 20 Minuten

Nährwertangaben: Kalorien: 468 kcal, Kohlenhydrate: 64 g, Fett: 12 g, Eiweiß: 24 g

Zutaten für 1 Portion:

- 150 ml fettarme Milch
- 1 Prise Salz
- 40 g Hartweizengrieß
- 2 EL Haferkleie
- 0,5 Packung Vanillinzucker
- 1 TL Margarine
- 150 g Himbeeren
- 1 Prise Puderzucker
- 100 g Magerquark

Zubereitung:

1. Die Milch mit Salz in einen Topf füllen und aufkochen lassen. Hartweizengrieß, Haferkleie und Vanillinzucker unter Rühren hinzufügen. Nochmals aufkochen und für 5 Minuten quellen lassen.
2. Eine beschichtetet Pfanne nutzen und Margarine erhitzen. Dann die Grießmischung einfüllen. Die Masse sollte dann glattgestrichen werden, wobei man dann 75g der Himbeeren in den Teig drücken kann.
3. 4-5 Minuten den Grießkuchen von einer Seite backen, dann umdrehen und ihn für weitere 4-5 Minuten von der zweiten Seite durchbacken. Anschließend aus der Pfanne nehmen und mit Puderzucker bestreuen.
4. Den Quark aus der Verpackung nehmen, mit etwas Wasser zu einer glatten Konsistenz verrühren. Die andere Hälfte der Himbeeren hinzufügen. Wenn gewünscht, kann etwas flüssiger Süßstoff genutzt werden.
5. Den Grießkuchen mit dem Himbeerquark servieren.

Power Pancakes aus Kokos und Banane

Zubereitungszeit: 15 Minuten

Nährwertangaben: Kalorien: 413 kcal, Kohlenhydrate: 50 g, Fett: 16 g, Eiweiß: 13 g

Zutaten für 2 Personen:

- 100 g Haferflocken
- 2 große Eier
- 100 g Kokosjogurt
- 1 Banane
- 1 Prise Backpulver
- 1 Schluck Mandelmilch
- Kokosöl
- Extras (z.B.: Obst, Ahornsirup, Mandelbutter, gehackte Nüsse)

Zubereitung:

1. Bis auf das Kokosöl und den Extras alle Bestandteile in den Standmixer geben oder mit einem Handmixer zu einer cremigen Masse mixen. Sollte die Konsistenz zu dickflüssig sein, kann sie mit Mandelmilch etwas verflüssigt werden.
2. Kokosöl in eine Pfanne geben, erhitzen und etwa einem guten Esslöffel für einen Pancake von der Masse in der Pfanne backen. Je nach Pfannengröße können mehrere Pancakes zu gleicher Zeit zubereitet werden.
3. Sobald sich feine Blasen bilden, sind die Pancakes bereit für die Wendung. Etwa 3 Minuten von beiden Seiten backen bis sie eine goldbraune Bräunung erreichen.
4. Noch im warmen Zustand servieren und je nach Wunsch können Extras zur Verfeinerung des Geschmacks hinzugefügt werden.

Quinoa-Mandel-Müslimix

Zubereitungszeit: 30 Minuten, Backzeit: 25-30 Minuten

Nährwertangaben: Kalorien: 665 kcal, Kohlenhydrate: 44 g, Fett: 43 g, Eiweiß: 20 g

Zutaten für 4 Personen:

- 90 g Haferflocken
- 85 g Quinoa
- 224 g gehackte Mandeln
- 1 EL Rohrzucker
- 52 ml Kokosöl
- 60 ml Agavendicksaft
- 1 Prise Salz

Zubereitung:

1. Backofen anschalten und auf 170 Grad einstellen.
2. Eine Schüssel nehmen und die Haferflocken, Quinoa, gehackte Mandeln, Rohrzucker sowie 1 Prise Salt darin vermengen.
3. Kokosnussöl mit Agavendicksaft in einen Kochtopf geben und bei mittlerer Temperatur erhitzen. Unter Rühren solange erwärmen bis es sich verbunden hat.
4. Die Haferflockenmischung dazu in den Kopf geben und unter Rühren darauf achten, dass sich alles gut durchmischt.
5. Ein Backblech mit Backpapier belegen und anschließend die Masse darauf verteilen. 20 Minuten im Ofen backen, dann das Müsli komplett von allen Seiten wenden und weitere 5-10 in den Ofen schieben.
6. Das Müsli gut beobachten, denn es kann leicht verbrennen. Es ist bereit, wenn es eine goldbraune Farbe erreicht hat und aromatischer Duft aus dem Backofen aufsteigt.
7. Ist das Müsli fertig, etwas auskühlen lassen und je nach Wunsch mit frischen Früchten, Milch oder Joghurt genießen.

Chia-Mandel-Porridge mit Erdbeertopping

Zubereitungszeit: 25 Minuten, Ziehzeit: 1 Nacht

Nährwertangaben: Kalorien: 522 kcal, Kohlenhydrate: 80 g, Fett: 13,5 g, Eiweiß: 17,5 g

Zutaten für 2 Portionen:

- 200 Haferflocken
- 1 EL Mohn
- 2 EL Chiasamen
- 400 ml Mandelmilch
- 1 Messerspitze Zimt
- ½ gemahlene Vanilleschote
- 200 g Erdbeeren (alt. tiefgekühlt)
- 1 EL Honig
- 1 Spritzer Zitrone (evtl. rauslassen)
- 1 Prise Kardamom

Zubereitung:

1. Einen verschließbaren Behälter nehmen und Haferflocken, Mohn, Vanille sowie Zimt befüllen, mischen und mit 250 ml Mandelmilch zu einer Masse verrühren. Den Behälter über Nacht im Kühlschrank aufbewahren.
2. Den Chiasamen und übrige Mandelmilch in einen weiteren verschließbaren Behälter geben. Unter gelegentlichen Rühren 10 Minuten ziehen lassen. Dann auch diesen Zutatenmix in den Kühlschrank für das Frühstück bereitstellen.
3. Am nächsten Tag beide Massen zusammen vermischen und gleichmäßig in zwei Gefäße geben.
4. Topf auf dem Herd erhitzen und Erdbeeren, Zitrone wie auch Kardamom mit dem Honig darin aufkochen lassen. Anschließend mit einem Pürierstab pürieren.
5. Die warme Erdbeermasse auf den Chia-Mandel-Porridges verteilen und servieren.

Veganes Ofenmüsli

Zubereitungszeit: 30 Minuten, Backzeit: 50-65 Minuten

Nährwertangaben: Kalorien: 780 kcal, Kohlenhydrate: 30 g, Fett: 61 g, Eiweiß: 20,5 g

Zutaten für 4 Portionen:

- ½ große Mango
- 3 große Datteln
- 75 g Haferflocken
- 75 g Cashewkerne
- 55 g Leinsamen (geschrotet)
- 90 g Chiasamen
- 65 g Sesamsamen
- 75 g Sonnenblumenkerne
- 2 EL Kokosraspel
- 2 EL Kakaonibs
- ¼ TL Meersalz
- 60 ml Kokosnussöl (flüssig)
- 60 ml Kokosdrink (ungesüßt)
- 2 EL Wasser

Zubereitung:

1. Backofen auf 120 Grad zum Vorheizen anstellen.
2. Mango, Datteln, Haferflocken, Cashewkerne, Leinsamen, Chia, Sesam, Sonnenblumenkerne, Kokosraspeln, Kakaonips und Meersalz in eine Schüssel geben und gut vermengen.
3. Kokosnussöl, Kokosdrink und Wasser in einen weiteren Behälter füllen und miteinander verrühren.
4. Beide Mengen zusammen in eine Schüssel geben und eine Einheit bilden.
5. Ein Backbleck mit Backpapier auslegen und die Masse darauf geben und gleichmäßig verteilen.
6. Nach 30 Minuten die Masse verrühren. Dann weitere 30 Minuten im Ofen lassen. Je nach Wunsch der Bräune die Masse aus dem Ofen nehmen, kühl werden lassen und in bevorzugter Größe auseinanderbrechen.

Rhabarber & Stachelbeermix

Zubereitungszeit: 10 Minuten

Nährwertangaben: Kalorien: 157 kcal, Kohlenhydrate: 34 g, Fett: 0,5 g, Eiweiß: 3 g

Zutaten für 2 Portionen:

- 500 g Rhabarber
- 500 g Stachelbeeren
- 2 EL Zucker
- 2 Msp. Speisenatron

Zubereitung:

1. Rhabarber und Stachelbeeren wachen, trocknen und den Rhabarber in grobe Stücke zerkleinern. Anschließend unter mittlerer Hitze kochen bis eine breiförmige Konsistenz entsteht. Bei Bedarf etwas Wasser hinzufügen.
2. Anschließend den Zucker einrühren und mit Speisenatron die Säure regulieren. Hierbei das Natron vorsichtig verwenden und abschmecken. Der entstehende Schaum kommt von der Säure, welche neutralisiert wird. Sie ist jedoch nicht schädlich und entweicht nach einer kurzen Weile.
3. Anschließend Kompott gleichmäßig auf zwei Behälter aufteilen. Bei Bedarf kann auch mit etwas Sahne der Geschmack verfeinert werden.

Heidelbeerauflauf

Zubereitungszeit: 30 Minuten

Nährwertangaben: Kalorien: 330 kcal, Kohlenhydrate: 36 g, Fett: 17 g, Eiweiß: 4 g

Zutaten für 4-6 Portionen:

- 250 g Heidelbeeren
- 100 g Dinkelvollkornmehl
- 20 g Haferflocken
- 80 g Butter (kalt)
- 40 g Rohrzucker
- ¼ TL Zimt
- 1 Prise Salz

Zubereitung:

1. Für eine optimales Backergebnis den Backofen auf 200 Grad (180 Grad Umluft) vorheizen.
2. Eine Schüssel bereitstellen und Dinkelvollkornmehl, Haferflocken, Rohzucker mit Zimt, Salz und Butter vermischen. Um den Teig zu Streuseln aufzubereiten beide Hände nutzen. Dazu die Masse zwischen den Fingern reiben bis Teigbrösel entstehen. Falls notwendig kann auch noch etwas Butter hinzugegeben werden, um die gewünschte Konsistenz zu erreichen.
3. Ein Blech oder eine Auflaufform nehmen und die Heidelbeeren darauf ausbreiten. Dann die vorbereiteten Streusel darüber streuen.
4. Nun kann der Heidelbeerauflauf in den Ofen und sollte etwa für etwa 20 Minuten gebacken werden. Man erkennt auch an der goldbraunen Farbe, dass der Auflauf fertig ist.
5. Ist der Auflauf bereit, kann er aus dem Ofen gleichmäßig in tiefe Teller aufgeteilt werden. Als Topping dienen Quark, Kokosmilch, Joghurt oder auch Schmand.

Vorspeisen

Brokkoli-Cremesuppe

Zubereitungszeit: 45-60 Minuten

Nährwertangaben: Kalorien: 110 kcal, Kohlenhydrate: 7 g, Fett: 4 g, Eiweiß: 6 g

Zutaten für 4 Portionen:

- 550-600 g Brokkoli
- 1 EL Öl (z.B Rapsöl)
- 1 Zwiebel
- 2 Knoblauchzehen
- 0,75 L Gemüsebrühe
- 0,1 L Sahne light
- Petersilie
- Eine Prise Pfeffer und Salz

Zubereitung:

1. Zuerst den Brokkoli sauber machen und danach in grobe Stücke zerkleinern (gefrorener Brokkoli als Alternative). Danach den Knoblauch und die Zwiebel schälen und in kleine Stücke schneiden.
2. Anschließend das Öl in einem großen Topf erhitzen und den zerkleinerten Brokkoli und die Zwiebel- und Knoblauchstücke darin andünsten. Die fettreduzierte Sahne und die Gemüsebrühe hinzufügen und aufkochen lassen. Mit Deckel für bis zu 15 Minuten kochen lassen. Währenddessen die Petersilie putzen und in kleine Stücke schneiden.
3. Die Suppe cremig pürieren und Pfeffer, eine brise Salz und klein geschnittene Petersilie hinzufügen.

Erbsensuppe

Zubereitungszeit: 45-60 Minuten

Nährwertangaben: Kalorien: 296 kcal, Kohlenhydrate: 42 g, Fett: 6 g, Eiweiß: 17 g

Zutaten für 4 Personen:

- 3 Lauchzwiebeln
- 500 g Kartoffeln
- 750 g Erbsen (Alternative: gefroren)
- 2 EL Rapsöl
- 1000ml Gemüsebrühe
- 1-2 EL Schmand
- Eine Prise Salz und Pfeffer

Zubereitung:

1. Lauchzwiebeln sauber machen und in Scheiben schneiden. Kartoffeln pellen und in Stücke schneiden. 750 g Erbsen bereitstellen.
2. Lauchzwiebeln in einem Topf mit etwas Rapsöl dünsten. Erbsen und Kartoffeln hinzugeben und unter umrühren ebenfalls dünsten. Die Gemüsebrühe aufkochen lassen und anschließend bei mittlerer Wärme bis zu 20 Minuten mit aufgelegtem Deckel kochen lassen.
3. Das gekochte Gemüse pürieren. Etwas Schmand hinzufügen und mit Pfeffer und Salz würzen. Anschließend die Erbsen zum Püree hinzugeben und kurz einziehen lassen. Bon Appetit!

Gefüllte Tomaten mit Feta

Zubereitungszeit: 45 Minuten

Nährwertangaben: Kalorien: 500 kcal, Kohlenhydrate: 8 g, Fett: 43 g, Eiweiß: 19 g

Zutaten für 2 Personen:

- 4 große (Fleisch)Tomaten
- 1 Zweig Rosmarin
- 1 Zweig Thymian
- 200 g Feta
- 2 EL Olivenöl
- Meersalz (grob)
- Pfeffer

Zubereitung:

1. Dem Backofen oder Holzkohlegrill vorwärmen. Tomaten säubern und die Tomatendeckel entfernen. Die Tomaten Innen aushöhlen (Löffel) und anschließend umdrehen und auf einer Unterlage etwas trocknen lassen.
2. Der Rosmarin und den Thymian säubern und zum trocknen lassen kurz schütteln. Anschließend in kleine Stückchen schneiden (Blätter/Nadeln). Danach den Feta auseinander bröckeln und mit Olivenöl und den Kräuterstückchen hinzugeben. Eine brise Pfeffer und Salz hinzufügen. Die Mischung in die Tomaten füllen und anschließend den Tomatendeckel wieder aufsetzen.
3. Die Alufolie (4x) mit etwas Öl beschichten und die fertig gefüllten Tomaten in die Folie einrollen. Die eingewickelten Tomaten, unterhalb des Backofengrills oder über dem Holzkohlegrill, bei hoher wärme circa 10 Minuten brutzeln lassen. Die eingewickelten Tomaten herausnehmen, kühlen lassen und Servieren.

Kartoffel-Gemüse-Suppe

Zubereitungszeit: 30-45 Minuten

Nährwertangaben: Kalorien: 183 kcal, Kohlenhydrate: 16.6 g, Fett: 10.8 g, Eiweiß: 4.4 g

Zutaten für 2 Personen:

- 150 g Kartoffeln
- 300 g Veggies (z.B Möhren, Zucchini etc).
- 1 EL Rapsöl
- 600ml Brühe
- Frischer Thymian
- 2 Lorbeerblätter
- Eine Prise Pfeffer

Zubereitung:

1. Die Kartoffeln pellen und das Gemüse (z.B. Möhren, Zucchini etc.) waschen und in Stücke schnibbeln.
2. Rapsöl in einem Pott langsam. Anschließend das Gemüse und die Kartoffeln für circa 2 Minuten dünsten lassen und anschließend die Brühe während des Kochens hinzugeben. Danach den Thymian und die Lorbeerblätter hinzugeben. Für ungefähr 10 Minuten kochen lassen. Die Lorbeerblätter herausnehmen. Danach die Suppe zu einem Püree stampfen und probieren.

Salat mit pochierten Eiern

Zubereitungszeit: 30 Minuten

Nährwertangaben: Kalorien: 385 kcal, Kohlenhydrate: 8 g, Fett: 35 g, Eiweiß: 9 g

Zutaten für 2 Portionen:

- 5 EL Essig
- Eine Prise Salz und Pfeffer
- ½ TL Senf (mittelscharf)
- etwas Zucker
- 2 EL Öl (am besten eignet sich Ölivenöl)
- 1 EL Öl mit Walnüssen
- 125 g Tomaten (Tipp: saftige Kirschtomaten)
- ½ Salatgurke
- 1 Avocado
- 100 g Blattsalat
- 2 Eier

Zubereitung:

1. Für das Salatdressing, etwas Weinessig (1 EL), die Gewürze (Salz, Pfeffer und Senf) sowie etwas Zucker gut durchmischen. Anschließend Öl hinzugeben (tröpfchenweise).
2. Die Tomaten säubern und in Viertel schneiden. Die Gurke ebenfalls säubern und in Hälften schneiden und die Kerne entfernen, anschließend in Ringe schneiden. Die Avocado in zwei Hälften schneiden und den Kern herausnehmen. Das Fruchtfleisch der Avocado von der Schale ablösen und anschließend zerkleinern. Die Avocado mit den Tomaten und dem Salatdressing einlegen. Die Salatblätter einzeln putzen, waschen und trockenschleudern.
3. Die Tomaten und Avocado mit dem Salatdressing mit Marinade beträufeln. Den Salat gut abwaschen und abtrocknen.
4. Bis zu 1000 ml Wasser in einem hohen Topf zum Kochen bringen. Anschließend bis zu 5 EL Essig hinzugeben. Die Eier der Reihe nach einzeln in einem Behälter aufschlagen und nacheinander in das sanft köchelnde Wasser geben. Für bis zu 4 Minuten sanft köcheln lassen und das Eigelb vom Eiweiß drücken lassen (z.B. mit einem Löffel). Danach aus dem Wasser entfernen.

5. Das Salatdressing mit dem Salat verrühren. Die Eier ebenfalls hinzufügen.

Vollkornpizza

Zubereitungszeit: 30 Minuten und 1 Stunde den Teig aufgehen lassen

Nährwertangaben: Kalorien: 474 kcal, Kohlenhydrate: 39 g, Fett: 23 g, Eiweiß: 28 g

Zutaten (für 6 Kinderportionen oder 1 Backblech):

- 350 g Vollkornmehl
- Trockenhefe (1 Packung)
- Bis zu 150 ml angewärmtes Wasser
- 50 ml Öl (am besten Olivenöl)
- 1 Dose Tomatenmark (Alternative: 200ml passierte Tomaten)
- Bei Bedarf: Thymian und Oregano
- 250 g saftige Strauchtomaten
- 250 g Hackfleisch vom Rind
- 200 g geriebener Käse

Zubereitung:

1. Mit einem Mixer das Mehl, die Trockenhefe, das Olivenöl und das Wasser verrühren, bis ein Teig entsteht. Mit einer brise Salz würzen. Anschließend durchkneten und eine Brise Mehl hinzugeben. Den Teig mit einem Tuch bedecken und bei Zimmertemperatur für circa 1 Stunde aufgehen lassen.
2. Den Ofen bei ungefähr 200 Grad Umluft oder bei 220 Grad Ober-/Unterhitze. Die Backfolie auf das Blech legen.
3. Den Teig kneten und in einzelne Stücke Teilen (ungefähr 6). Mehl auf die Unterlage streuen und den Teig ausrollen. Die passierten Tomaten oder das Tomatenmark auf den Teig auftragen und nach Wunsch würzen (Oregano/Thymian).
4. Das Hackfleisch nach Belieben anbraten. Die Tomaten säubern und verkleinern und zu dem Hackfleisch hinzugeben. Anschließend die Mischung würzen (Kräuter/Pfeffer) und auf den Teil gleichmäßig verteilen. Den Käse (gerieben) auf der Pizza verteilen.
5. Im vorgewärmten Ofen bis zu 12 Minuten backen lassen.

Zucchini-Suppe

Zubereitungszeit: 30 Minuten

Nährwertangaben: Kalorien: 202 kcal, Kohlenhydrate: 19,5 g, Fett: 12,5 g, Eiweiß: 4,5 g

Zutaten für 4 Personen:

- 2 Zucchini (groß)
- 1 Zwiebel
- 1 große Kartoffel
- 2 Möhren
- 1 EL Öl (z.B. Rapsöl)
- 0,5 L Gemüsebrühe
- 100 g Frischkäse
- Ein halbes Bund Petersilie
- Eine Prise Pfeffer und Salz

Zubereitung:

1. Zucchini säubern und in kleine Würfel schneiden. Die Kartoffel, Möhren und Zwiebel pellen und ebenfalls in Würfel schneiden.
2. Öl in einem Pott erhitzen. Zuerst die klein geschnittene Zwiebel erhitzen, bis diese goldbraun ist. Danach die geschnittenen Zucchini und das andere geschnittene Gemüse hinzufügen und ebenfalls kurz anbraten. Mit der Gemüsebrühe Deglacieren und anschließend bis zu 10 Minuten kochen lassen. Sobald das Gemüse nicht mehr hart ist, die Suppe als Püree verfeinern.
3. Den Frischkäse zur Suppe hinzugeben und mit Salz und Pfeffer würzen. Die Petersilie säubern, zerhacken und auf die Suppe streuen.

Bunter Salat mit Sellerie

Zubereitungszeit: 15 Minuten

Nährwertangaben: Kalorien: 130 kcal, Kohlenhydrate: 22,5 g, Fett: 5,4 g, Eiweiß: 1 g

Zutaten:

- Eine halbe Knolle geriebenen Sellerie
- vier Staudenselleriestangen
- ein halber Granatapfel
- bis zu 15 rote Trauben
- ein halber Bund Dille
- Für die Marinade: Eine Prise Salz und Pfeffer, Olivenöl und Zitronensaft

Zubereitung:

1. Den Knollensellerie pellen und anschließend mit einer Raspel reiben und in eine Schüssel (groß) geben.
2. Den Staudensellerie sauber machen und in dünne Stücke schneiden und hinzugeben. Die Fasern ablösen, es sollten keine dünnen Strangen aus dem Herz existieren!
3. Aus dem Granatapfel die Kerne entfernen und mit bis zu 1 Handvoll von Trauben (rot) zum Sellerie hinzugeben.
4. Die Dille säubern, in Stücke scheiden und hinzufügen.
5. Für die Marinade das Olivenöl, den Zitronensaft und die Gewürze vermischen und ebenfalls zum Salat hinzugeben. Je länger mariniert wird, umso intensiver schmecken die Aromen. Das Gericht kann mit den noch nicht verwendeten Granatapfelkernen dekoriert werden.
6. Tipp: Auch Feta und Ricotta lassen sich gut verwenden!

Erdbeersüppchen mit Fleur de Sel

Zubereitungszeit: ca. 90 Minuten

Nährwertangaben: Kalorien: 40 kcal, Kohlenhydrate: 9,7 g, Fett: 0,3 g, Eiweiß: 1 g

Zutaten für 4 Portionen:

- 200 g Erdbeeren
- 1 Orange
- 1 TL rosa Pfeffer
- 10 Blättchen Minze
- 1 kleine Prise Fleur de Sel

Zubereitung:

1. Erdbeeren sauber machen, waschen und klein schneiden. Anschließend in großen Becher schütten und frisch gepressten Organgensaft hinzugeben. Die Mischung pürieren (z.B. mit einem Pürierstab oder einem Mixer).
2. Den rosa Pfeffer zerkleinern mit einem Mörser oder mit einer Messerklinge zerdrücken. Die Blättchen der Minze abwaschen und trocknen lassen (z.B. abtupfen). Danach 6 Blättchen der Minze zerkleinern und mit einer Prise Pfeffer mit dem Erdbeerprüree verrühren. Den Püree abdecken und bis zu 3 Stunden bei gekühlter Temperatur (Kühlschrank) abgedeckt stehen lassen. Anschließend den Püree mit Fleur de Sel verfeinern.
3. Servieren: Den Erdbeerpüree in vier Schalen füllen und die noch nicht verbrauchten Minzblättchen als Dekoration verwenden.

Quinoa-Bratlinge

Zubereitungszeit: 60-90 Minuten

Nährwertangaben: Kalorien: 204 kcal, Kohlenhydrate: 16 g, Fett: 13 g, Eiweiß: 8 g

Zutaten für 20 Stück:

- 200 g Quinoa
- 1 Zwiebel (mittelgroß)
- 2 EL Rapsöl
- 1/2 TL grüne Currypaste (aus dem Glas)
- 1/2 Stange Zitronengras
- 1/2 TL gemahlener Koriander
- 500 ml Gemüsebrühe
- 1 mittelgroße Karotte
- 1/2 Stange Lauch
- 100 g Sonnenblumenkerne
- Eiersatz für 1 Ei
- 4 EL Haferflocken
- Pfeffer
- Jodsalz
- 1-3 EL Kartoffelstärke
- Bratöl

Zubereitung:

1. Den Quinoa in einen Sieb mit warmem Wasser abwaschen und anschließend ablaufen lassen. Die Zwiebel pellen und klein schneiden. Das Bratöl in einer Pfanne erhitzen und die Zwiebelstückchen dünsten lassen, bis sie glasig aussehen. Die grüne Currypaste, den Koriander, das Zitronengras, zu der Quinoa hinzugeben und leicht anbraten. Danach mit der Gemüsebrühe deglacieren und leicht kochen lassen. Für ungefähr 10 Minuten mit zugedecktem Deckel köcheln lassen bei mittlerer Hitze.
2. Die Karotten waschen, pellen und raspeln. Den Lauch waschen, längs in die Hälfte schneiden und in dünne halbe Scheiben schneiden. Die Karotten und den Lauch zu der Quinoa hinzugeben, alles ungefähr für 10 Min garen lassen und anschließend kühlen lassen. Das Zitronengras sollte entfernt werden.
3. ¾ der Sonnenblumenkerne fein hacken. Den Eiersatz nach

Informationen des Herstellers zubereiten und die Haferpflocken mit den bereits zuvor fein gehackten Sonnenblumenkernen vermischen und zum Quinoa hinzugeben. Den Teig nach Bedarf würzen. Falls der Teig zu flüssig ist mit Kartoffelstärke verdicken.

4. Mit dem Teig bis zu 20 Bratlinke Formen mit einem Durchmesser von 8 cm (die Hände sollten feucht sein). Anschließend das Öl in der Pfanne erwärmen und die Bratlinge hinzugeben bis diese knusprig gebraten sind auf beiden Seiten (bis zu 8 Minuten je Seiten).

Kürbissuppe mit Kokossahne

Zubereitungszeit: 30-60 Minuten

Nährwertangaben: Kalorien: 232 kcal, Kohlenhydrate: 42 g, Fett: 12 g, Eiweiß: 6 g

Zutaten für 4-6 Portionen:

- 1 mittelgroßer Hokkaidokürbis (ungefähr 800 g)
- 2 Zwiebeln
- 1 Knoblauchzehe
- 300 g Kartoffeln
- 300 g Möhren
- 40 g Margarine (milchfrei)
- 1300 ml Gemüsebrühe
- Pfeffer
- Jodsalz
- geriebene Muskatnuss
- 1-2 TL Gemüsebrühe
- 2 EL gehackte Tiefkühl-Petersilie
- 1,5 EL Kokossahne

Zubereitung:

1. Den Kürbis sauber machen und in zwei Hälften schneiden und das Innere entfernen (Kerne und Fasern). Das Besondere am Hokkaidokürbiss ist, dass dieser nicht gepellt werden muss. Das Fruchtfleisch das Kürbisses grob zerkleinern. Die Zwiebeln und das Knoblauch pellen, die Möhren und die Kartoffeln waschen und ebenfalls pellen und grob zerkleinern.

2. Margarine in der Pfanne erwärmen und die Zwiebeln solange dünsten, bis diese glasig sind. Anschließend den verkleinerten Kürbis, die Kartoffeln, den Knoblauch und die Möhren hinzugeben und ebenfalls kurz dünsten lassen.

3. Die Gemüsebrühe hinzugeben und die Suppe für bis zu 20 Minuten bei leichter Hitze zudecken und leicht ankochen. Sobald das Gemüse nicht mehr hart ist, die Suppe zu Püreeform mixen und mit Pfeffer, Jodsalz und Muskatnuss würzen. Nun ist die Suppe fast fertig und kann in eine Suppenschüssel gefüllt werden und mit etwas Petersilie und Kokossahne verfeinert werden.

Selbst gemachtes Knäckebrot

Zubereitungszeit: 30 Minuten

Nährwertangaben: Kalorien: 182 kcal, Kohlenhydrate: 52 g, Fett: 1,2 g, Eiweiß: 5g

Zutaten für 4 Portionen:

- 125 g Weizenvollkornmehl
- 2 EL Rapsöl
- ¼ TL Salz
- 2 TL Kümmel
- 1 TL Sesam
- 1 TL Mohn
- 1 TL Kürbiskerne
- 1 TL Leinsamen

Zubereitung:

1. Die Zutaten zusammen in eine Schüssel füllen und einige Körner und Samen aufbewahren. Circa 75 ml Wasser erwärmen und ebenfalls zu den anderen Zutaten schütten. Anschließend alle Zutaten zu einem Teig kneten.
2. Den Teig auseinanderrollen und in möglichst gleichgroße Stücke zurechtschneiden
3. Das Backpapier auf das Blech legen und die gleichgroßen Stücke auf dem Blech verteilen. Die aufbewahrten Körner gleichmäßig über den Teig verstreuen.
4. Anschließend das Backblech mit dem Teig im Ofen für bis zu 10 Minuten backen.

Kartoffelsalat mit Radieschen

Zubereitungszeit: ungefähr 80 Minuten

Nährwertangaben: Kalorien: 335 kcal, Kohlenhydrate: 31g, Fett: 24g, Eiweiß: 9g

Zutaten für 2 Portionen:

- 600 g festgekochte Kartoffeln
- 1 Bündel Radieschen
- 1 Bündel Schnittlauch
- 150 ml warme Gemüsebrühe (ohne Hefe)
- 1 EL Apfelessig (nach Bedarf)
- 3 EL Weizenkeimöl
- 1 TL Senf
- eine Prise Kokosblütenzucker
- Salz und Pfeffer (nach Bedarf)

Zubereitung:

1. Die Kartoffeln in einem Topf für ungefähr 20 Minuten al-dente kochen lassen. Anschließend mit kühlem Wasser übergießen. Die Kartoffeln schälen und zu Ringen schneiden.
2. Das Bündel Radieschen abwaschen, vom Strauch lösen und in kleine Stücke schneiden.
3. Den Apfelessig, das Weizenkeimöl, den Senf, die Gewürze und den Zucker zu einer Sauce verrühren.
4. Die Brühe erwärmen und die Sauce hinzugeben und vermischen.
5. Wenn die Kartoffeln kühl sind, in eine Schüssel legen und die vorbereitete Sauce über den Kartoffeln verteilen. Die Radieschenstückchen und den zerkleinerten Schnittlauch hinzugeben.
6. Den Salat mit einem Tuch abdecken und bis zu 60 Minuten ziehen lassen. Probieren und nach Bedarf nach Würzen. Den fertigen Salat anrichten. Bon Appetit.

Fenchel-Flammkuchenschiffchen mit Tofu

Zubereitungszeit: ca.30-45 Minuten

Nährwertangaben: Kalorien: 412 kcal, Kohlenhydrate: 60g, Fett: 7g, Eiweiß: 14g

Zutaten:

- 250 g Fenchel
- 100 g Räuchertofu
- 230 g Dinkelmehl (Type 630) /Weizenmehl (Type 405)
- 150 ml Soja- oder Hafermilch
- 200 g Natur-Joghurt (1,5 % Fett) /Sojajoghurt natur
- 1 EL Rapsöl
- 1 rote Zwiebel
- Edelsüß-Paprika
- Frischer Thymian
- Salz
- Weißer Pfeffer
- Basilikum zum Garnieren

Zubereitung:

1. Das Dinkelmehl/Weizenmehl, 1 TL Salz, das Olivenöl und die Sojamilch in eine Schale geben und anschließend mit dem Mixer verrühren
2. Die Mischung zu einem Teig kneten.
3. Den Teig in Frischhaltefolie einrollen und circa 60 Minuten in den Kühlschrank stellen.
4. Den Ofen auf 240 Grad Ober-/Unterhitze, oder bei 220 Grad Umluft vorwärmen.
5. Den Naturjoghurt/Sojajoghurt, die Gewürze mit etwas Salz vermischen.
6. Den Teig in vier gleichmäßige Teile schneiden und zu langen ovalen Fladen ausrollen (Mehl beim rausrollen nicht vergessen).
7. Die Fladen auf zwei verschiedenen Blechen (mit Backpapier) auslegen und zwei Drittel des zuvor vorbereiteten Joghurts auf den Fladen gleichmäßig verteilen.

8. Mit Fenchel und Tofuscheiben belegen und restlichen Joghurt darauf verteilen. Die Zwiebelscheiben ebenfalls darüber legen.
9. Im unteren Teil des Ofens die ovalen Fladen bis zu 12 Minuten backen lassen.

Kürbis-Ingwer-Suppe

Zubereitungszeit: ungefähr 60 Minuten

Nährwertangaben: Kalorien: 158 kcal, Kohlenhydrate: 15g, Fett: 8g, Eiweiß: 6g

Zutaten für 4 Portionen:

- 1 großer Butternusskürbis (ca. 800g)
  Alternative: Hokkaidokürbis
- 1 Zwiebel (nach Bedarf)
- 1 Stück Ingwer (ca. 10g)
- 1 Knoblauchzehe
- 1 EL Öl
- 700 ml Gemüsebrühe
- Salz und Pfeffer nach Bedarf
- 2 EL Sesam
- 3 Stiele frischer Koriander

Zubereitung:

1. Den Butternusskürbis pellen und die gesamte Schale entfernen. Das Besondere am Hokkaidokürbiss ist, dass die Schale nicht entfernt werden muss, abwaschen genügt. Den Kürbis in zwei Hälften schneiden in die Kerne und Fasern entfernen. Das Fruchtfleisch des Kürbisses in 1cm Stücke zerkleinern.
2. Den Backofen auf 220 Grad vorwärmen. Den zerkleinerten Kürbis auf ein Blech legen und in der Mitte des Ofens für bis zu 30 Minuten goldgelb backen lassen.
3. Die Zwiebeln pellen und in kleine Stücke schneiden. Den Knoblauch und Ingwer ebenfalls pellen und in feine Stücke hacken. In einem

Topf etwas Öl erwärmen und den klein gehakten Knoblauch, Zwiebel und Ingwer hinzugeben. Anschließend leicht dünsten lassen für ungefähr 3 Minuten.

4. Anschließend die Kürbisstückchen aus dem Backofen herausnehmen und zu den anderen Zutaten in den Topf geben. Die Gemüsebrühe hinzugeben und kurz aufkochen lassen.
5. Alle Zutaten für ungefähr 20 Minuten aufkochen lassen. Danach die Kürbis-Ingwer-Suppe im Topf mit einem Stabmixer pürieren bzw. in einen Standmixer umfüllen und dort pürieren.
6. Anschließend die Kürbis-Ingwer-Suppe sieben und im Topf kurz aufkochen lassen.
7. Nach Bedarf mit Pfeffer und Salz würzen.
8. Die Samen vom Sesam in einer Pfanne fettfrei anbraten. Koriander abwaschen, trocknen reiben und die Blätter entfernen.
9. Die fertige Kürbis-Ingwer-Suppe in tiefen Tellern verteilen und Koriander und Sesam dekorieren

Blumenkohlsalat

Zubereitungszeit: ungefähr 60 Minuten

Nährwertangaben: Kalorien: 104 kcal, Kohlenhydrate: 3,2 g, Fett: 8,1g, Eiweiß: 3g

Zutaten für 2 Portionen:

- 400 g Blumenkohl
- 1 EL frisch gepresster Zitronensaft (nach Bedarf)
- 4 EL kalt extrahiertes Olivenöl
- 4 EL Wasser
- 1 EL Mandelmus
- 1 TL Senf
- etwas Kurkuma
- etwas Kreuzkümmel
- 4 Stiele Koriander

Zubereitung:

1. Die Röschen vom Blumenkohl vom Strunk abschneiden.
2. Anschließend die Röschen kochendem Wasser hinzugeben und mit etwas Salz kurzzeitig garen lassen, bis sie al-dente sind. In einen Behälter geben und abkühlen lassen.
3. Senf, Wasser, Olivenöl, nach Bedarf Zitronensaft, Kurkuma, Mandelmus und Kreuzkümmel in einem Standmixer oder einem Topf verrühren, bis das Dressing eine cremige Konsistenz hat. Nach Bedarf etwas Wasser hinzufügen. Eventuell noch etwas Salz hinzugeben.
4. Über den kühlen Blumenkohl das Dressing schütten und gut umrühren. Anschließend 30 Minuten einziehen lassen. Den Koriander in kleine Stücke hacken, den Blumenkohlsalat bei Bedarf nachwürzen und den fertigen Blumenkohlsalat in Schüsseln geben und mit Koriander dekorieren.

Bulgursalat 16

Zubereitungszeit: circa 30-45 Minuten

Nährwertangaben: Kalorien: 412 kcal, Kohlenhydrate: 62,4g, Fett: 12g, Eiweiß: 11,2g

Zutaten für 4 Portionen:

- 200 g grober Bulgur
- 400 ml Gemüsebrühe
- 250 g Salatgurke
- 1 Paprika
- 2 Möhren
- 1 Bund Petersilie
- 1 Zweig Minze (nach Bedarf)
- Pfeffer
- Muskat
- Salz
- 3 EL Olivenöl
- 1 EL hellen Balsamicoessig (nach Bedarf)
- etwas Salz, Pfeffer, Zucker und gemahlener Kreuzkümmel

Zubereitung:

1. Den Bulgur mit Gemüsebrühe in einen Topf schütten und aufkochen. Anschließend bei schwacher wärme mit Deckel zugedeckt für ungefähr 15 Minuten aufquellen lassen. Anschließend sich abkühlen lassen und mehrmals umrühren.
2. Die Gurke sauber machen und in Stücke zerkleinern. Die Paprika ebenfalls abwaschen und in Stücke schneiden, das Innereien der Paprika entfernen. Die Möhre abwaschen, pellen und klein raspeln. Die Petersilie als auch die Minze abtrocknen, die Blätter abpflücken und in kleine Stücke hacken.
3. Für das Dressing den Essig in eine Schüssel geben und mit einer Prise Salz und Pfeffer würzen sowie etwas Zucker hinzufügen und mit dem Kreuzkümmel untermischen. Das Olivenöl ebenfalls unterrühren.
4. Den Bulgur in einer Schale mit dem geschnittenen Gemüse und den Kräutern verrühren und das Dressing hinzufügen und umrühren. Den Bulgursalat noch abschmecken und nach Bedarf nachwürzen.

Kohlrabi-Hafersuppe

Zubereitungszeit: 10 Minuten, Kochzeit: 15 Minuten

Nährwertangaben: Kalorien: 165 kcal, Kohlenhydrate: 19,1g, Fett: 7,2g, Eiweiß: 6,9g

Zutaten für 2 Portion:

- 20 g Haferflocken
- 1 TL Butter
- 500 ml Gemüsebrühe
- 1 Kohlrabi
- 2 Lauchzwiebeln
- 1 Stück (Bio)Zitronenschale
- etwas Muskat und Pfefferminze
- 50 g Magerjoghurt (bei Bedarf)
- Salz und Pfeffer

Zubereitung:

1. Die Haferflocken zunächst in Butter anbraten. Anschließend die Gemüsebrühe, den klein gehackten Kohlrabi, die zerkleinerte Lauchzwiebel, Zitronenschale, Pfefferminze und Muskat untermischen. Für bis zu 12 Minuten kochen lassen. Den Magerjoghurt hinzugeben und pürieren und nach Würzen (Pfeffer, Salz).

Champignonsalat mit Spinat

Zubereitungszeit: ungefähr 20 Minuten

Nährwertangaben: Kalorien:92 kcal, Kohlenhydrate: 8,3 g, Fett: 5,4g, Eiweiß: 5,2g

Zutaten für 4 Portionen:

- 500 g frische Champignons
- 100 g frischen Spinat
- 5 EL Oliven- oder Nussöl
- 1 EL Zitronensaft (nach Bedarf)
- Pfeffer und Salz nach Bedarf
- 1 TL Thymian
- 1 TL Petersilie

Zubereitung:

1. Die Champignons waschen und in feine Ringe schneiden. Den Spinat sauber machen und trocknen lassen.
2. Dressing: Olivenöl/Nussöl, bei Bedarf Zitronensaft, Pfeffer und Salz in eine große Schale geben und umrühren. Das gewaschene Gemüse dazugeben, mit dem Dressing umrühren und bei Bedarf nachwürzen.
3. Den Thymian und die Petersilie in kleine Stücke hacken.
4. Die Aromen des Salats einziehen lassen und mit etwas Thymian und Petersilie betreuen und servieren.

Fenchelgemüse mit Zucchini

Zubereitungszeit: circa 50 Minuten

Nährwertangaben: Kalorien: 112 kcal, Kohlenhydrate: 11,3g, Fett: 8,6g, Eiweiß: 1,5g

Zutaten für 2 Portionen:

- 2 Fenchelknollen
- 1 Zucchini
- ½ Zwiebel (bei Bedarf)
- Rapsöl
- 1 TL Gemüsebrühpulver

Zubereitung:

1. Die Fenchelknollen in zwei Hälften Teilen und anschließend vierteln. Den restlichen Strunk entfernen. Den Fenchel in grobe Stücke raspeln.
2. Die Zucchini abwaschen und in Würfel zerkleinern (mit Schale) Die Zwiebel ebenfalls in Stücke schneiden.
3. Öl in einer Pfanne erwärmen und die Zwiebelstücke hinzugeben und andünsten lassen. Den Fenchel beifügen und gut vermischen.
4. Die Gemüsebrühe und die Zucchini hinzugeben und bei mittlerer Hitze anbraten. Das Fenchelgemüse mit Zucchini umrühren und auf Tellern servieren.

Gemüsereis

Zubereitungszeit: ungefähr 30-40 Minuten

Nährwertangaben: Kalorien: 275 kcal, Kohlenhydrate: 51,2g, Fett: 5,3 g, Eiweiß: 5,6 g

Zutaten für 2 Portionen:

- 1 Tasse Reis
- ½ Tasse tiefgekühlte Erbsen
- 1 Möhre
- ½ Brokkoli
- Salz nach Geschmack
- 1 TL Gemüsebrühe

Zubereitung:

1. Den Reis nach Herstelleranleitung in Wasser mit etwas Salz kochen lassen, bis der Reis weich ist und anschließend abgießen (Sieb).
2. Die Möhren pellen und in mittelgroße Ringe schneiden. Den Brokkoli sauber machen und die Röschen vom Stunk entfernen und nach Bedarf halbieren oder vierteln.
3. Einen Topf mit einer Tasse Wasser füllen, die Gemüsebrühe und das Gemüse al-dente kochen lassen. Anschließend das Wasser abgießen lassen.
4. Den Reis dazugeben und nach Bedarf mit Salz nachwürzen. Den Gemüsereis abkühlen und anschließend auf Tellern servieren.

Cremige Suppe vom Mangold

mit gegrillten Garnelen

Zubereitungszeit: circa 60-90 Minuten

Nährwertangaben: Kalorien: 459kcal, Kohlenhydrate: 20g, Fett: 34,3g, Eiweiß: 26,4g

Zutaten für 2 Portionen:

- Suppe:
  - 400 g Mangold/junger Spinat
  - 2 EL Olivenöl
  - Salz, Pfeffer aus der Mühle
  - gemahlener Kümmel
  - 125 ml Kokosmilch
  - 500 ml Wasser
- Garnelen:
  - 8 Stücke Garnelen
  - 1 TL Ingwer
  - 1 TL Zitronengras
  - 1/2 Chilischote
  - 1 Knoblauchzehe
  - 2 EL Olivenöl
  - Salz, Pfeffer aus der Mühle

Zubereitung:

1. Mangold mit Wasser abwaschen und in Streifen zerkleinern. In einem Topf Olivenöl erwärmen und den Mangold kurz anbraten. 500ml Wasser und 125ml Kokosmilch aufbrühen und für ungefähr 15 Minuten leicht köcheln. Bei Bedarf Würzen und mit ordentlich umrühren (Standmixer).
2. Die Garnelen gut abwaschen, die Schale abpellen und den Rücken der Garnele länglich aufschneiden. Den Darm herausnehmen. Bei der Chilischote den Kern entfernen und in zarte Streifen schnippeln. Den Ingwer und das Knoblauch pellen und zerhacken. Das Zitronengras in Stücke schneiden. Die vorhandenen Gewürze mit dem Olivenöl untermischen und die Garnelen damit einlegen. Anschließend mit etwas Folie bedecken und für bis zu 15 Minuten kalt lagern (Kühlschrank).

3. Eine Pfanne oder den Grill erwärmen und die Garnelen auf beiden Seiten bis zu 3 Minuten braten bzw. grillen und anschließend mit der cremigen Suppe anrichten.

Kürbissuppe mit Pellkartoffeln und Kokoscreme

Zubereitungszeit: ungefähr 60 Minuten

Nährwertangaben: Kalorien: 581 kcal, Kohlenhydrate: 89g, Fett: 3g, Eiweiß: 12,4g

Zutaten für 2 Portionen:

- 1 Hakkaido-Kürbis (klein)
- 6 heiße Pellkartoffeln
- 4 mittelgroße Möhren
- etwas Salz
- 3 EL Kokoscreme
- etwas Petersilie

Zubereitung:

1. Kartoffeln zum Kochen bringen bis sie weich sind.
2. Den Kürbis abwaschen, das Innere entfernen und das Kürbisfleisch zerkleinern. Die Möhren gut mit Wasser abwaschen und in Stücke schneiden.
3. Die Möhrenstücke und den zerkleinerten aufkochen lassen mit einer brise Salz würzen und anschließend garen lassen.
4. Die fertig gekochten Kartoffeln schälen.
5. Das Gemüse zusammen in den Mixer legen und zu Püree verarbeiten. Bei Bedarf noch würzen. Anschließend mit Petersilie dekorieren.

Orientalisch gebratene Haferflocken

Zubereitungszeit: 10 Minuten + 12 Minuten Bratzeit

Nährwertangaben: Kalorien: 430 kcal, Kohlenhydrate: 71 g, Fett: 11 g, Eiweiß: 12 g

Zutaten für 1 Portion:

- 70 g Großblatthaferpflocken
- Wasser
- 1 mittelgroße Möhre
- 1 TL Butter
- Ras-El-Hanout-Gewürz
- Cayennepfeffer
- Kurkuma
- 30 g Erbsen
- 25 g gewaschene Rosinen
- Salz, Pfeffer
- Koriander

Zubereitung:

1. 70 g Großblatthaferpflocken für ungefähr bis zu 6 Minuten in Wasser einweichen lassen und anschließend durch ein Sieb schütten.
2. Die mittelgroße Möhre pellen und in kleine Vierecke schneiden Die Pfanne mit 1 TL Butter erwärmen und die Großblatthaferpflocken und die Möhrenvierecke für ungefähr 3 Minuten braten lassen.
3. Danach 1 TL von dem Ras-El-Hanout hinzugeben und bei niedriger Temperatur garen lassen. Ein wenig Cayennepfeffer, einen viertel TL Kurkuma, ungefähr 30 g Erbsen und 25 g Rosinen (gewaschen) hinzugeben.
4. Die Masse umrühren und für ungefähr 8 Minuten weiter anbraten lassen. Anschließend mit Pfeffer, Salz und zerkleinerten Koriander würzen.

Hauptspeisen

Mediterraner Putensalat

Zubereitungszeit: 25 Minuten

Nährwertangaben: Kalorien: 243 kcal, Kohlenhydrate: 3.9 g, Fett: 7.5 g, Eiweiß: 39 g

Zutaten für 1 Portion:

- 1 mageres Putenschnitzel
- 1 grüner Salat, z.B. Römersalat oder Lollo
- 150 g Gemüse nach Wahl und Verträglichkeit, z.B. Zucchini, Tomaten, Mais oder Pilze
- 50 g fettreduzierter Joghurt
- 1 TL Sonnenblumenöl
- 1 TL Zitronensaft
- Kräuter nach Belieben, z.B. Basilikum oder frischer Oregano
- Salz, Pfeffer, etwas edelsüßer Paprika

Zubereitung:

1. Zunächst das Gemüse putzen bzw. waschen und je nach Geschmack in Streifen oder kleine Würfel schneiden.
2. Den Salat verlesen, gut waschen und dann die Blätter in appetitliche kleine Stücke teilen.
3. Das Putenschnitzel mit Wasser gründlich abspülen und mit Küchenpapier abtrocknen. Das Geflügelfleisch dann in schmale Streifen schneiden. Etwas geschmacksneutrales Öl in einer Pfanne heiß werden lassen und die Putenstreifen golden anbraten. Mit Salz und Pfeffer abschmecken sowie nach Belieben und Verträglichkeit mit dem edelsüßen Paprika würzen.
4. Für das Dressing Joghurt, Sonnenblumenöl und Zitronensaft mit den Kräutern zu einer leichten Salatsoße vermengen und mit Salz und Pfeffer abschmecken.
5. Zum Servieren den Salat mit etwas Dressing anrichten und das vorbereitete Gemüse darüber geben. Mit den goldbraunen

Putenstreifen garnieren. Das übrige Dressing extra zum Salat reichen.

Tipp: mit Brot Croutons verfeinern.

Forellenfilets an Wurzelgemüse

Zubereitungszeit: 25 Minuten

Nährwertangaben: Kalorien: 355 kcal, Kohlenhydrate: 21.4 g, Fett: 15.3 g, Eiweiß: 32 g

Zutaten für 2 Portionen:

- Ca. 300 g küchenfertig vorbereitete Forellenfilets
- Für die Marinade: Salz, Pfeffer, Saft einer Zitrone
- 100 ml Gemüsebrühe (frisch oder aus dem Brühwürfel zubereitet)
- 250 g Kartoffeln
- 250 g Wurzelgemüse, z.B. Karotten oder Kohlrabi
- 20 g Rapsöl
- Petersilie, frisch oder tiefgefroren

Zubereitung:

1. Um den feinen Fischgeschmack der Forellen hervorzuheben, wird aus Salz, Pfeffer und Zitronensaft eine schnelle Marinade zubereitet. Die küchenfertigen Filets dann ca. 10 Minuten darin marinieren lassen.
2. Währenddessen die Kartoffeln sowie das Wurzelgemüse putzen und schälen, dann beides in kleine Würfel schneiden. In einem Topf mit Deckel wenig Salzwasser zum Kochen bringen und darin das Gemüse für circa 15 Minuten eher dünsten als kochen.
3. In einem separaten Topf oder einer Pfanne, ebenfalls mit Deckel, die Forellenfilets vorsichtig in die frische oder aus einem Brühwürfel zubereitete Gemüsebrühe einlegen, worin sie mit aufgelegtem Deckel für etwa 10 Minuten gedünstet werden. Zum Dünsten ist es wichtig, dass die Temperatur knapp unter 100 Grad liegt, da die feinen Forellenfilets ansonsten zerfallen.
4. Die frische Petersilie waschen und vorsichtig trocknen, die abgezupften Blätter dann fein hacken. Die gefrorene Petersilie kann direkt verwendet werden. Das Gemüse nach Ende der Garzeit abtropfen lassen und mit Rapsöl sowie der Petersilie verfeinern.
5. Zum Servieren die Forellenfilets vorsichtig aus der Gemüsebrühe heben und auf dem Gemüsebett auf flachen Tellern anrichten.

Exotische Kürbis-Suppe mit Ingwer

Zubereitungszeit: 20 Minuten, Kochzeit: 35 Minuten

Nährwertangaben: Kalorien: 289 kcal, Kohlenhydrate: 20.7 g, Fett:11.7 g, Eiweiß: 4.5 g

Zutaten für 4 Portionen:

- 800 g Butternuss- oder Hokkaido-Kürbis
- 1 große Zwiebel
- 1 daumengroßes Stück Ingwer
- 1-2 Knoblauchzehen, ja nach Geschmack
- 1 EL Sonnenblumenöl
- 750 ml Gemüsebrühe
- Evtl. 1 kleine rote Chilischote
- Saft einer halben Limette
- Salz und Pfeffer
- 3 TL Sesam
- Frischer Koriander

Zubereitung:

1. Wird ein Butternusskürbis verwendet, so muss dieser zunächst mit Hilfe eines Sparschälers von der unbekömmlichen Schale befreit werden. Ein Hokkaido-Kürbis braucht nur gut gewaschen zu werden, da die Schale mitverzehrt werden kann. Dann den Kürbis halbieren, mit einem großen Löffel von den Kernen befreien und in kleine Würfel schneiden.
2. Nun den Ofen vorheizen und die Kürbiswürfel auf einem Backblech (mittlere Einschubshöhe) bei 220 Grad für eine knappe halbe Stunde backen oder bis der Kürbis eine goldgelbe Farbe angenommen hat.
3. Die Zwiebel, den Knoblauch und den Ingwer jeweils schälen, fein würfeln und in einem großen Topf mit Sonnenblumenöl auf mittlerer Flamme sanft anschwitzen.
4. Sobald die Kürbiswürfel goldgelb gebacken sind, diese aus dem Ofen nehmen und zu der Zwiebel-Knoblauch-Ingwer-Mischung in den Topf geben. Die Gemüsebrühe hinzufügen und kurz aufwallen lassen.
5. Die Suppe für gut 20 Minuten kochen lassen und dann mit Hilfe

eines Stabmixers direkt im Topf oder in einem Standmixer pürieren. Um ein noch feineres Ergebnis zu erhalten, die Kürbis-Suppe durch ein Sieb streichen und dann nochmals im Topf erhitzen.

6. Den Limettensaft zu der Suppe geben und mit Salz und Pfeffer abschmecken. Für den besonderen Kick kann noch eine kleine, feingehackte Chilischote hinzugegeben werden.
7. In einer kleinen Pfanne den Sesam ohne Fett auf milder Flamme anrösten, bis er duftet. Den Koriander waschen, trockentupfen und die Blätter fein hacken. Sesam und Koriander nach Geschmack über die Suppe geben und diese in tiefen Schalen servieren. Guten Appetit!

Griechisches Pita-Brot mit würzigem Hähnchen

Zubereitungszeit: 15 Minuten

Nährwertangaben: Kalorien: 484 kcal, Kohlenhydrate: 27 g, Fett: 30 g, Eiweiß: 23 g

Zutaten für 4 Portionen:

- 8 Blätter Salat nach Wahl, z.B. Lollo oder Römischer Salat
- Frische glatte Petersilie
- 300 g griechischer Joghurt (2 % Fett)
- 1 EL Olivenöl
- 1 EL mittelscharfer Senf
- 1 TL Paprikapulver (rosenscharf)
- Salz und Pfeffer
- 400 g gegartes Hähnchenbrustfilet
- 4 kleine Pitabrote
- Je nach Geschmack Tomaten- und Gurkenscheiben zum Füllen

Zubereitung:

1. Den Salat und die Petersilie waschen und trockentupfen. Den Salat grob zerteilen, die Petersilie fein hacken.
2. Den Joghurt mit Öl, Senf, Salz, Pfeffer und Paprikapulver glattrühren. Das gegarte Hähnchefleisch in dünne Streifen oder mundgerechte Häppchen schneiden.
3. In das Pita-Brot Taschen einschneiden, so dass es mit den verschiedenen Zutaten befüllt werden kann. Die Pita-Tasche mit der Joghurt-Mischung ausstreichen und mit Salat, Hähnchenfleisch und anderen Zutaten, wie z.B. Tomaten- oder Gurkenscheiben füllen. Mehr Joghurt-Soße darüber träufeln und das Pita-Brot zum Essen leicht zusammendrücken. Guten Appetit oder *kali orexi!*

Hackbällchen Bella Italia

Zubereitungszeit: 40 Minuten

Nährwertangaben: Kalorien: 384 kcal, Kohlenhydrate: 28.2 g, Fett: 20.7 g, Eiweiß: 21.6 g

Zutaten für 2 Portionen:

- 300 g Rinderhack
- 1 Ei und 1 Eigelb zusätzlich
- 120 g fein geriebenen Parmesankäse
- 1 Knoblauchzehe
- 1 kleine Zwiebel
- 400 g Dosentomaten (ganz oder stückig)
- 1 EL Tomatenmark
- Olivenöl zum Braten
- 2 TL gehackte frische Petersilie
- 1 TL getrockneter Oregano
- 2 TL gehacktes frisches Basilikum
- Salz, Pfeffer, evtl. Chilipulver

Zubereitung:

1. Hackfleisch, geriebenen Parmesan, Ei, Eigelb, den fein gehackten Knoblauch sowie die Petersilie gut miteinander vermengen und mit Salz und Pfeffer kräftig würzen. Aus dem Hackfleischteig kleine Bällchen formen. Dazu die Hände immer wieder mit kaltem Wasser abspülen, damit die Hackbällchen nicht an den Händen kleben.
2. In einer Pfanne das Olivenöl erhitzen und die Hackbällchen kurz scharf anbraten. Dann wieder aus der Pfanne nehmen.
3. Die Zwiebeln schälen, fein würfeln und in die Pfanne geben. Die Tomaten, das Tomatenmark, Salz, Pfeffer, Oregano und bei Verträglichkeit etwas Chilipulver hinzufügen. Lassen Sie die Soße auf mittlerer Stufe mindestens 15 Minuten köcheln.
4. Nach 15 Minuten Kochzeit geben Sie sowohl das gehackte Basilikum als auch die Hackbällchen in die Soße und lassen alles noch einmal zehn Minuten auf niedriger Flamme ziehen.
5. Die Hackbällchen in Tomatensoße mit Spaghetti oder Reis als Beilage servieren und je nach Geschmack mit geriebenem Parmesan bestreuen.

Frühlingshaftes Wildreisrisotto mit zartem Parmaschinken

Zubereitungszeit: 35 Minuten

Nährwertangaben: Kalorien: 452 kcal, Kohlenhydrate: 61 g, Fett: 14 g, Eiweiß: 19 g

Zutaten für 4 Portionen:

- 250 g Wildreis
- 50 g Parmesan am Stück
- 140 g Parmaschinken
- 300 g feine Erbsen (aus der Tiefkühltruhe)
- 200 g Zuckerschoten
- 2 EL Butter
- 200 ml Gemüsebrühe
- 1 Zwiebel
- 1 Knoblauchzehe
- Pfeffer, Salz, frisches Basilikum

Zubereitung:

1. Den Wildreis nach Packungsbeilage zubereiten.
2. Die Zuckerschoten putzen, waschen und der Hälfte nach durchschneiden. Danach die Schoten in kochendem Wasser eine Minute lang blanchieren und sofort in Eiswasser abschrecken.
3. Ungefähr 40 Gramm des Parmesankäses sehr fein reiben, den Parmaschinken in feine Streifen schneiden. Das Basilikum kalt abbrausen, kurz mit Küchenpapier abtupfen und dann die Blätter mit den Händen zerzupfen.
4. Knoblauch und Zwiebel sehr fein würfeln und in einer großen Pfanne in Butter glasig dünsten. Die Erbsen und die Gemüsebrühe hinzufügen und aufkochen lassen. Auf mittlerer Flamme alles zusammen fünf Minuten köcheln lassen.
5. Jetzt den Reis, die Zuckerschoten und den fein geriebenen Parmesan zu den Erbsen geben und nach Geschmack mit Salz und Pfeffer würzen.
6. Den Schinken und das Basilikum hinzufügen und den übrigen Parmesan über die fertige Speise reiben.

Sommerfrischer Bulgursalat mit Minze

Zubereitungszeit: 40 Minuten

Nährwertangaben: Kalorien: 340 kcal, Kohlenhydrate: 41 g, Fett: 15 g, Eiweiß: 6 g

Zutaten für 4 Portionen:

- 250 g grober Bulgur
- 450 ml Gemüsebrühe
- 3 sonnengereifte, aromatische Tomaten
- 300 g Salatgurke
- 2 Möhren
- 2 Zweige frische Minze
- 1 Bund glatte Petersilie
- 3 EL Olivenöl
- 1 EL Balsamico-Essig (hell)
- Pfeffer, Salz, Zucker, Kreuzkümmel und Muskatnuss nach Belieben

Zubereitung:

1. Den Bulgur ohne Zugabe von Fett in einem Topf für eine Minute anrösten, dabei ständig umrühren, der Bulgur sonst anbrennen kann. Nach einer Minute die Gemüsebrühe hinzufügen und einmal aufkochen lassen. Danach den Bulgur auf kleiner Flamme für 15 Minuten quellen lassen.
2. Den Bulgur vom Herd nehmen und auskühlen lassen. Dabei gelegentlich umrühren, damit der Bulgur nicht zusammenklebt und eine gewisse Körnigkeit behält.
3. Das Gemüse sowie die Petersilie und die Minze waschen. Die Salatgurke kann geschält oder ungeschält weiterverwendet werden. Tomaten und Gurken würfeln, die Möhren putzen und grob raspeln. Die Petersilie und die Minze trockentupfen und die abgezupften Blättchen fein hacken.
4. Den Essig mit Pfeffer, Salz, etwas Kreuzkümmel und einer Prise Zucker gut verrühren. Dann das Olivenöl mit einer Gabel unterschlagen, so dass eine cremige Konsistenz entsteht.
5. Den Bulgur mit dem vorbereiteten Gemüse in eine große Schüssel geben. Dressing und die Kräuter hinzufügen und vorsichtig mit Bulgur-Gemüse-Mischung vermengen. Bei Bedarf den Salat mit

Pfeffer, Salz und einer Prise Muskatnuss abschmecken.

Kohlrabi-Kartoffel-Gratin mit leichtem Gurkensalat

Zubereitungszeit: 60-75 Minuten

Nährwertangaben: Kalorien: 441 kcal, Kohlenhydrate: 42 g, Fett: 17 g, Eiweiß: 25 g

Zutaten für 3 Portionen:

- 7 mittelgroße, festkochende Kartoffeln (etwa 750 g)
- 3 mittelgroße Kohlrabi mit Blättern (etwa 500 g)
- 200 g milder gekochter Schinken
- Salz, Pfeffer, Muskatnuss
- 220 ml Milch (1,5 % Fett)
- 120 ml Sahne zum Kochen (10 % Fett)
- 50 g Gouda am Stück

Für den Gurkensalat:

- 1 mittlere Salatgurke
- ½ Bund Dill
- 1 kleine Zwiebel
- Saft einer halben kleinen Zitrone
- 1 EL Öl
- 6 EL Joghurt (1,5 % Fett)
- 1 TL Butter

Zubereitung:

1. Die Schinkenscheiben in Streifen, dann in kleine Würfel schneiden.
2. Die Kohlrabiblätter von den Knollen entfernen, gründlich waschen und fein hacken. Die Kohlrabi und die Kartoffeln ebenfalls waschen, schälen und dann in dünne Scheiben hobeln oder schneiden.
3. Das gehobelte Gemüse, die gehackten Kohlrabiblätter sowie auch den gewürfelten Schinken in eine Schüssel geben. Mit Salz, Pfeffer und Muskatnuss nach Geschmack würzen und vorsichtig umrühren, damit sich die Gewürze gleichmäßig verteilen.
4. Eine ausreichend große Auflaufform gut mit Butter einfetten und die Gemüse-Schinken-Mischung einfüllen.
5. Nun Milch und Kochsahne vermischen, etwas Muskat hinzugeben und über den Auflauf gießen. Nun den Gouda gleichmäßig darüber reiben, kleine Butterflöckchen auf den Auflauf setzen und diesen bei etwa 180 Grad Celsius (Umluft) für 45-60 Minuten in den Backofen geben. Gegebenenfalls mit Alufolie abdecken, damit der Käse nicht zu dunkel wird.
6. Für Gurkensalat wird die Gurke in feine Scheiben gehobelt oder geschnitten. Die Zwiebel schälen und in sehr feine würfeln. Den Dill fein hacken. Für das Dressing wird der Joghurt mit dem Zitronensaft, dem Öl und dem Dill vermischt sowie mit Pfeffer und Salz mild abgeschmeckt. Die Zwiebelwürfel unterheben und dann die Gurkenscheiben mit dem Dressing vermengen. Den Gurkensalat in einer Schüssel anrichten und zum Auflauf reichen.

Tagliatelle mit Garnelen und feinen Gemüsestreifen

Zubereitungszeit: 35 Minuten

Nährwertangaben: Kalorien: 536 kcal, Kohlenhydrate: 75 g, Fett: 10 g, Eiweiß: 33 g

Zutaten für 4 Personen:

- 400 g Vollkorntagliatelle
- 250 g Möhren
- 300 g Zucchini
- 150 g Brokkoli
- 2 Knoblauchzehen
- 200 g geschälte und vorgegarte Garnelen
- 125 ml Gemüsebrühe
- 2 EL Olivenöl
- Salz und Pfeffer
- Petersilie oder Basilikum zum Garnieren
- Evtl. Crème fraîche

Zubereitung:

1. Die Vollkorntagliatelle in Salzwasser bissfest (al dente) garen. Den Brokkoli putzen, in kleine mundgerechte Röschen teilen und diese 5 Minuten in kochendem Salzwasser garen. Die Möhren und die Zucchini putzen und in schmale Streifen schneiden. Den Knoblauch fein hacken.
2. In einer ausreichend großen Pfanne die Möhren- und Zucchinistreifen in etwas Olivenöl anbraten, nach circa zwei Minuten den Knoblauch hinzufügen und für ungefähr eine Minute weiterbraten. Die Gemüsebrühe angießen und das Gemüse für weitere 3 Minuten auf milder Flamme köcheln lassen.
3. Die Tagliatelle abtropfen lassen, diese mit den Garnelen und den Brokkoliröschen zum Gemüse in die Pfanne geben und alles zusammen kurz durchschwenken.
4. Mit Salz und Pfeffer abschmecken und das Gericht mit aromatischen Kräutern, beispielsweise Basilikum, geschmacklich abrunden. Die Tagliatelle mit den Garnelen und dem Gemüse auf tiefen Tellern anrichten und eventuell mit einem kleinen Klecks Crème fraîche garnieren.

Auberginen-Auflauf mit Mozzarella

Zubereitungszeit: ca. 80 Minuten

Nährwertangaben: Kalorien: 295 kcal, Kohlenhydrate: 9 g, Fett: 21 g, Eiweiß: 15 g

Zutaten für 4 Personen:

- 800 g Auberginen
- 2 kleine rote Zwiebeln
- 1 große Knoblauchzehe
- 2 EL Olivenöl zum Braten, evtl. mehr
- 1 Dose geschälteTomaten (400 g)
- 200 g Mozzarella, evtl. fettreduziert
- 50 g Parmesan am Stück
- Salz und Pfeffer
- Basilikum, frisch
- Oregano, getrocknet

Zubereitung:

1. Die Auberginen waschen, abtrocknen und dann in gleichmäßige, circa 1 cm dicke Scheiben schneiden. Ein Backblech mit Backpapier auslegen und die Auberginenscheiben darauf im vorgeheizten Backofen (200 Grad bei Umluft oder 220 Grad bei Ober-/Unterhitze) von beiden Seiten für 6-8 Minuten grillen. Die Auberginen sind fertig, wenn sie eine appetitliche goldene Farbe bekommen, werden aus dem Ofen genommen und beiseitegestellt. Den Ofen jedoch nicht ausschalten.
2. Die Zwiebeln und die Knoblauchzehe schälen und alles fein würfeln (bei Unverträglichkeit werden Zwiebeln und Knoblauch einfach weglassen). Die gewaschenen und vorsichtig trocken geschüttelten Basilikumblättchen mit einem scharfen Messer in feine Streifen schneiden.
3. In einem Topf das Olivenöl erhitzen und die Zwiebel- und Knoblauchwürfel vorsichtig andünsten, damit sie nicht anbrennen. Die Dosentomaten etwas mit der Hand zerdrücken und zu der Zwiebel-Knoblauch-Mischung in den Topf geben. Mit Salz und Pfeffer, dem getrockneten Oregano und den Basilikumstreifen abschmecken und offen auf schwacher Flamme für 10 Minuten zu

einer leckeren Tomatensoße einkochen.

4. Den Mozzarella gleichmäßig in dünne Scheiben aufschneiden, bei Unverträglichkeit eventuell die fettreduzierte Variante wählen. Den Parmesankäse fein reiben. Nun eine passende ofenfeste Keramikform mit Öl einpinseln, den Boden mit wenigen Löffeln Tomatensoße bedecken und mit einer Schicht Auberginenscheiben belegen. Nun wieder wenige Löffel Tomatensoße darüber geben, dann mit Mozzarellascheiben belegen und etwas geriebenen Parmesan darüberstreuen. Abschließen sollte man mit der Schicht aus Mozzarella und Parmesan und diese bei Bedarf noch mit Butterflöckchen versehen. In der Mitte des vorgeheizten Backofens für etwa 20 Minuten backen. Sollte der Käse zu dunkel werden, rasch mit Alufolie abdecken.

Tipp: Um den schönen authentisch-würzigen Geschmack des Parmesans zu erhalten, auf gar keinen Fall fertig geriebenen Käse verwenden, sondern den Parmesan immer frisch reiben. Zu dem Gericht würde auch ein reifer, frisch geriebener Pecorino-Käse passen.

Bunter Wildreis mit Hähnchen

Zubereitungszeit: 35 Minuten

Nährwertangaben: Kalorien: 469 kcal, Kohlenhydrate: 49 g, Fett: 12 g, Eiweiß: 37 g

Zutaten für 2 Personen:

- 140 g Wildreis
- 1 Paprika
- 1 mittelgroße Zucchini (ca. 250 g)
- 2 TL Kokosfett zum Braten
- 300 g Hähnchenbrustfilet
- 1 TL Kurkuma
- Pfeffer und Salz

Zubereitung:

1. Den Wildreis nach Packungsanweisung zubereiten.
2. Die gewaschene und entkernte Paprika in schmale Streifen schneiden, die Zucchini hälftig der Länge nach teilen und dann in dünne Scheibchen schneiden.
3. Das Hühnerfleisch gründlich abwaschen, mit Küchenpapier trocken tupfen und in Streifen schneiden, die bei Bedarf in noch kleinere Stücke zerteilt werden können. Dann das Hühnerfilet in einer Pfanne in dem erhitzten Kokosfett anbraten, bis das Fleisch eine schöne goldene Farbe bekommt. Das Hühnchen aus der Pfanne nehmen. Dann das Gemüse in demselben Fett für 5 Minuten knackig anbraten.
4. Nun den fertigen Wildreis und die gebratenen Hühnerstreifen zum Gemüse in die Pfanne hinzufügen und alles vorsichtig vermischen. Das Gericht mit Salz und Pfeffer würzen, dann Kurkuma dazugeben, was der Wildreispfanne eine exotische Farbe verleiht. Guten Appetit!

Grünkern-Frikadellen mit Rohkost-Sticks

Zubereitungszeit: 35 Minuten

Nährwertangaben: Kalorien: 375 kcal, Kohlenhydrate: 33 g, Fett: 21 g, Eiweiß: 13 g

Zutaten für 2 Personen:

- 1 Schalotte
- 25 g Haselnusskerne
- 5 TL Rapskernöl
- 80 g Grünkernschrot
- 150 ml Gemüsebrühe
- Etwas frische Petersilie
- 5 TL Magerquark
- 1 Eigelb
- Salz und Pfeffer
- Rosenscharfes Paprikapulver nach Geschmack
- 300 g Gemüse nach Wahl, z.B. Cocktailtomaten, Möhren, Stangensellerie etc.

Zubereitung:

1. Die Schalotte nach dem Schälen fein würfeln und die Haselnüsse ebenfalls recht fein hacken. Dann 1 EL Öl in einem kleinen Topf erhitzen und die Schalotte zusammen mit den Nüssen und dem Grünkernschrot auf mittlerer Flamme für maximal 3 Minuten anbraten. Dabei gelegentlich umrühren, damit der Topfinhalt nicht anbrennt. Vorsichtig die Brühe angießen und den Grünkern zugedeckt auf niedrigster Stufe für gut 10 Minuten quellen lassen.
2. In der Zwischenzeit die Petersilie waschen, trocken tupfen und die Blätter mit einem scharfen Messer fein hacken. Den gequollenen Grünkern vom Herd nehmen und zum Abkühlen auf die Seite stellen. Nun den Grünkern mit dem Quark, der gehackten Petersilie und dem Eigelb gründlich mischen. Mit Salz, Pfeffer und Paprikapulver kräftig abschmecken.
3. Die Hände mit kaltem Wasser befeuchten und zügig 6 kleine Frikadellen formen. In einer beschichteten Pfanne das restliche Öl erhitzen und die Frikadellen auf beiden Seiten für ungefähr 5 Minuten braten, bis diese eine goldene Farbe angenommen haben. Aus der Pfanne nehmen und auf Küchenpapier kurz das Öl

abtropfen lassen.

4. Inzwischen das Gemüse der Wahl gründlich putzen, waschen und schälen und sodann in mundgerechte Streifen schneiden. Die Gemüse-Sticks mit den Grünkern-Frikadellen auf Tellern anrichten.

Kichererbsen-Curry mit Hühnerfilet

Zubereitungszeit: 40 Minuten

Nährwertangaben: Kalorien: 616 kcal, Kohlenhydrate: 61 g, Fett: 29 g, Eiweiß: 29 g

Zutaten für 4 Portionen:

- 300 g Hühnerbrustfilet
- 1 kleine Dose Kichererbsen (Abtropfgewicht 425 ml)
- 800 g Brokkoli
- 275 g Vollkornreis
- 1 ½ TL milde Currypaste (alternativ: 1 TL Kurkuma)
- 1 Dose ungesüßte Kokosmilch (400 ml)
- 1 kleine Zwiebel
- 1 Zehe Knoblauch
- Salz
- 2 EL Rapsöl

Zubereitung:

1. Die Kichererbsen in ein Sieb geben und gut mit kaltem Wasser abspülen, dann abtropfen lassen. Den geputzten und gewaschenen Brokkoli putzen in kleine, mundgerechte Röschen zerteilen. Den Knoblauch und die Zwiebel schälen und beide in kleine Würfel schneiden.
2. Das Hühnerbrustfilet gut abwaschen, mit Küchenpapier trocken tupfen und in Würfel schneiden.
3. In einem Topf das Rapsöl erhitzen und die Geflügelstücke von allen Seiten appetitlich golden braun anbraten, aus dem heißen Öl nehmen und zur Seite stellen. Die Zwiebel und den Knoblauch auf mittlerer Flamme im heißen Öl glasig dünsten, dann die Currypaste – oder alternativ Kurkuma - hinzugeben und kurz anschwitzen. Mit Kokosmilch und etwa 300 ml warmem Wasser ablöschen und mit Salz abschmecken.
4. Den Brokkoli ebenfalls in den Topf geben, kurz aufkochen und etwa 5 Minuten leise köcheln lassen. Das Fleisch und die Kichererbsen hinzufügen und alles bei kleiner Flamme für 5-10 Minuten ziehen lassen.
5. Den Reis nach Packungsanweisung zubereiten. Das Currygericht nochmals abschmecken und mit dem Reis servieren.

Überbackenes Hähnchenfilet mit Feta und Spinat

Zubereitungszeit: 35 Minuten

Nährwertangaben: Kalorien: 325 kcal, Kohlenhydrate: 4 g, Fett: 15 g, Eiweiß: 44 g

Zutaten für 2 Personen:

- 200 g tiefgekühlter Blattspinat
- 2 kleine Hähnchenbrustfilets (insgesamt 300 g)
- Salz und Pfeffer, Muskatnuss
- 2 TL Sonnenblumen- oder Rapsöl
- 1 Schalotte
- 50 g Schafskäse (Feta)

Zubereitung:

1. Den Spinat rechtzeitig aus der Verpackung nehmen und auftauen lassen. Den Backofen auf 220 Grad vorheizen.
2. Die Hühnerfilets waschen, mit Küchenpapier abtupfen und auf beiden Seiten großzügig salzen und pfeffern. 1 TL Öl vorsichtig in einer Pfanne erhitzen, aber nicht zu heiß werden lassen, da das zarte Hühnerfleisch sonst anbrennt. Nun die Filets rundherum anbraten bis sie eine schöne Farbe bekommen, dann aus der Pfanne nehmen und beiseitestellen.
3. Die Schalotte schälen und fein würfeln. Das übrige Öl in der Pfanne erhitzen und die Schalotte auf mittlerer Flamme darin andünsten. Den aufgetauten Spinat abtropfen lassen, gegebenenfalls etwas ausdrücken und dann ebenfalls in die Pfanne geben. Den Spinat für ungefähr 2-3 Minuten garen, mit Salz, Pfeffer und Muskatnuss würzen und in eine ofenfeste Auflaufform geben.
4. Die angebratenen Hähnchenbrustfilets auf den Spinat legen. Den Schafskäse mit einer Gabel grob zerkrümeln und über die Hühnerfilets geben. Dann alles im vorgeheizten Ofen auf mittlerer Schiene für etwa 25 Minuten überbacken, bis der Feta eine leicht goldene Kruste hat. Aus dem Ofen nehmen und vor dem Genießen kurz abkühlen lassen.

Überbackenes Hähnchenfilet mediterrane Art

Zubereitungszeit: 45 Minuten

Nährwertangaben: Kalorien: 437 kcal, Kohlenhydrate: 8 g, Fett: 31 g, Eiweiß: 31 g

Zutaten für 4 Personen:

- 2 Zehen Knoblauch
- 1 Zweig frischer Rosmarin
- 8 EL Olivenöl zum Marinieren
- 2 kleine Zucchini (ca. 200 g)
- 2 kleine Auberginen (ca. 200 g)
- Salz und Pfeffer
- 600 g sonnengereifte Tomaten
- 600 g Hähnchenbrustfilets
- 2 EL Olivenöl zum Braten
- 8 EL geriebener Käse nach Wahl, z.B. Gouda

Zubereitung:

1. Zunächst den Backofen auf 200 Grad (Ober-/Unterhitze) vorheizen.
2. Den Knoblauch schälen und durch die Knoblauchpresse drücken. Dann den Rosmarin kurz abspülen, trocken tupfen, die Nadeln von den Zweigen streifen und mit einem scharfen Messer fein hacken. Knoblauch und gehackten Rosmarin mit 8 EL Olivenöl vermischen.
3. Zucchini und Auberginen waschen und in dünne Scheiben geschnitten in eine Schüssel geben. Das Gemüse mit Salz und Pfeffer würzen und dann mit 6 EL des Knoblauch-Rosmarin-Öls vermischen. Ein Ofenblech mit Backpapier auslegen und die Zucchini- und Auberginenscheiben darauf verteilen. Das Gemüse für 20 Minuten im vorgeheizten Ofen auf mittlerer Schiene goldbraun schmoren. Darauf achten, dass das Gemüse nicht anbrennt, eventuell Temperatur verringern.
4. Die Tomaten waschen, mit einem scharfen Messer den Stielansatz entfernen und die Tomaten in dünne Scheiben schneiden. Die Hühnerfilets unter fließendem Wasser gut abspülen, trocken tupfen und horizontal halb in zwei Scheiben schneiden. Alle Filetstücke mit Salz und Pfeffer würzen und in 2 EL Öl in der Pfanne von beiden Seiten für 2 Minuten anbraten.

5. Das Blech mit dem Gemüse aus dem Ofen nehmen. Mit den Tomatenscheiben und den Hähnchenfiletstücken belegen und dem geriebenen Käse bestreuen. Für weitere 10 Minuten im Ofen überbacken und mit dem restlichen Knoblauch-Rosmarin-Öl beträufelt servieren.

Wirsing-Rouladen mit vegetarischer Füllung

Zubereitungszeit: 50 Minuten

Nährwertangaben: Kalorien: 285 kcal, Kohlenhydrate: 25 g, Fett: 16 g, Eiweiß: 15 g

Zutaten für 4 Personen:

- 1 Wirsingkopf
- 150 g Vollkornreis
- 5 grüne Kardamomkapseln
- 2 TL Kokosöl
- 1 gelbe Paprika, fein gewürfelt
- 4 große Champignons, fein gewürfelt
- Salz, Pfeffer, Paprikapulver edelsüß, Kurkuma
- Majoran, Kümmel
- Rosmarinnadeln, fein gehackt
- Petersilie, fein gehackt
- Zitronensaft
- 1 TL Speisestärke
- 175 g geriebener Ziegen-Butterkäse

Zubereitung:

1. In der Nacht zuvor den Vollkornreis in ausreichend frischem Wasser einweichen. Der Reis sollte mindestens für 8 Stunden quellen, um bekömmlicher zu sein. Dann das Einweichwasser abgießen und frisches Wasser im Verhältnis 2:1 zu dem gequollenen Vollkornreis geben und mit etwas Salz und den angestochenen Kardamomkapseln zum Kochen bringen. Nach dem ersten Aufkochen die Temperatur verringern und den Reis auf kleinster Flamme für knapp eine Stunde quellen lassen.
2. In einem großen Topf Salzwasser zum Kochen bringen. Den Wirsingkopf putzen, den Strunk keilförmig herausschneiden und vorsichtig 8 Wirsingblätter ablösen. Die Wirsingblätter portionsweise im kochenden Wasser blanchieren, mit einer Schaumkelle herausheben und abtropfen lassen. Die Kohlrippe der Blätter flach schneiden, so dass später besser die Füllung eingewickelt werden kann.
3. Den Backofen auf 200 Grad (Ober-/Unterhitze) vorheizen.
4. In einer Pfanne das Kokosöl erhitzen und die gewürfelten Champignons anbraten. Die Paprikawürfel hinzufügen und weiter schmoren. Salzen und je nach Geschmack mit Majoran, Kümmel und Pfeffer abschmecken. Die Petersilie mit einem Spritzer Zitronensaft unter die Füllung rühren. Etwas Paprikapulver, eine Prise Kurkuma und die fein gehackten Rosmarinnadeln hinzufügen. Deckel auflegen und die Füllung bei niederer Temperatur schmoren lassen. Zum Binden der Flüssigkeit am Ende des Schmorvorgangs einen Teelöffel Speisestärke darüber stäuben und danach den fertig gekochten Vollkornreis unterheben.
5. Mit einem Teelöffel die Füllung auf die vorbereiteten Wirsingblätter gebe, diese einschlagen und mit einem Zahnstocher zusammenstecken, damit sie nicht auseinanderfallen.
6. Die Wirsing-Rouladen in eine gefettete Auflaufform legen und mit dem geriebenen Ziegenkäse überstreuen. Für ungefähr 15 Minuten auf der mittleren Schiene des Backofens überbacken. Guten Appetit!

Zucchini-Nudeln mit Bologneser Hackfleischragout

Zubereitungszeit: 30 Minuten

Nährwertangaben: Kalorien: 355 kcal, Kohlenhydrate: 4 g, Fett: 23 g, Eiweiß: 31 g

Zutaten für 4 Portionen:

- 1 kleine Zwiebel
- 2 kleine Knoblauchzehen
- ca. 40 g Sellerie
- 1 große Möhre
- 1 EL Olivenöl
- ½ kg Rinderhack
- 250 ml passierteTomaten
- 2 TL Tomatenmark
- Meersalz und Pfeffer
- Kräuter nach Wunsch, z.B. Basilikum und Oregano
- 2 kleine Zucchini
- 1 EL Olivenöl

Zubereitung:

1. Knoblauch und Zwiebel schälen und in sehr kleine Würfel schneiden. Möhre und Sellerie waschen und ebenfalls fein würfeln.
2. Das Hackfleisch mit 1 EL Olivenöl in einer ausreichend großen Pfanne scharf anrösten. Zwiebel, Knoblauch und die Gemüsewürfel hinzufügen. Eine kleine Stelle in der Pfanne frei machen und das Tomatenmark dort kurz anrösten, bevor es mit dem übrigen Pfanneninhalt vermischt wird. Dann die passierten Tomaten hinzufügen und ebenfalls unterrühren. Die Hackfleischsoße mit dem Meersalz, frisch gemahlenem Pfeffer, Oregano und Basilikum abschmecken und bei geschlossenem Deckel etwa 25 Minuten leise vor sich hin köcheln lassen, dabei gelegentlich umrühren.
3. Für die Zucchininudeln die Zucchini mit einem Spiralschneider oder Zestenreißer in dünne Streifen schneiden. In einer beschichteten Pfanne mit etwas Olivenöl für etwa 4-5 Minuten unter Rühren braten, der Biss sollte jedoch noch erhalten bleiben.
4. Die Zucchininudeln mit dem Hackfleischragout anrichten und bei Verträglichkeit mit frisch geriebenem Parmesankäse servieren.

Spaghetti mit Möhren und Feta-Pesto

Zubereitungszeit: ca. 25-30 Minuten

Nährwertangaben: Kalorien: 860 kcal, Kohlenhydrate: 79 g, Fett: 51 g, Eiweiß: 26 g

Zutaten für 4 Portionen:

- 2 kleine Knoblauchzehen
- 1 Bund glatte Petersilie
- 100 g Mandeln
- 2 TL Pimentón de la vera (geräuchertes Chilipulver)
- 120 ml gutes Olivenöl (extra vergine)
- 4 TL Zitronensaft
- 150 g Schafkäse (Feta)
- Salz und schwarzer Pfeffer
- 400 g Nudeln (z.B. Spaghetti)
- 280 g Möhren

Zubereitung:

1. Für das Pesto die gewaschene und trocken geschüttelte Petersilie grob hacken und zusammen mit dem geschälten Knoblauch, den Mandeln und dem Pimentón de la vera im Standmixer zu einer groben Paste verarbeiten.
2. Dann langsam das extra vergine Olivenöl und den Zitronensaft untermixen. Das Pesto in eine Schüssel umfüllen und den mit den Händen zerkrümelten Feta untermischen. Probieren und bei Bedarf mit wenig Salz und Pfeffer abschmecken.
3. In einem großen Topf reichlich Salzwasser zum Kochen bringen. Inzwischen die Möhren schälen, waschen und grob raspeln.
4. Die Nudeln in das kochende Salzwasser geben und bissfest kochen. Ungefähr eine halbe Minute vor Ender der Kochzeit die grob geraspelten dazugeben und kurz mitkochen. Alles in ein Sieb abgießen, kurz abtropfen lassen und zurück in den Topf geben. Die Möhren-Nudeln nun rasch mit zwei Dritteln des Pestos mischen und kurz unter Rühren auf niedriger bis mittlerer Flamme erwärmen.
5. Das Gericht auf tiefe Teller verteilen, das übrige Pesto darauf geben und mit etwas Feta bestreuen. Heiß servieren und genießen!

Bandnudelauflauf mit Hackfleischsoße

Zubereitungszeit: 80 Minuten

Nährwertangaben: Kalorien: 545 kcal, Kohlenhydrate: 34 g, Fett: 27 g, Eiweiß: 30 g

Zutaten für 3-4 Portionen:

- 250 g breite Nudeln, evtl. glutenfrei
- Meersalz
- 1 große Zwiebel
- 1-2 Knoblauchzehen
- 3 EL Olivenöl
- 300 g Rinderhackfleisch
- 1 TL edelsüßes Paprikapulver
- 800 g passierte Dosentomaten
- 1 TL getrockneter Thymian
- 175 ml Reisdrink plus Calcium
- 2-3 EL Semmelbrösel, evtl. glutenfrei
- Auflaufform (ca. 35 × 25 cm); Fett für die Form

Zubereitung:

1. Die Bandnudeln nach Anweisungen auf der Packung in reichlich kochendem Salzwasser al dente kochen. Abgießen und kurz kalt abbrausen.
2. Zwiebel und Knoblauch schälen und in feine Würfel schneiden. In eine große beschichtete Pfanne geben und in etwas Olivenöl anschwitzen. Das Hackfleisch dazugeben, kräftig anbraten und mit frisch gemahlenem Pfeffer, Meersalz und Paprikapulver pikant würzen. Die passierten Tomaten und den getrockneten Thymian dazugeben, erneut zum Kochen bringen und eventuell nochmals abschmecken.
3. Die ofenfeste Auflaufform einfetten. Abwechselnd die Nudeln mit Sauce einschichten und mit dem Reisdrink übergießen. Die Semmelbrösel mit dem restlichen Olivenöl vermischen und auf dem Auflauf verteilen, so dass beim Backen eine schöne Kruste entsteht.
4. Den Auflauf auf der mittleren Schiene im vorgeheizten Backofen (170 Grad, Ober/Unterhitze) für ca. 30 Minuten goldbraun überbacken. Vor dem Servieren etwas abkühlen lassen.

Tofutaschen mit geschmorten Zucchinistreifen

Zubereitungszeit: 35 Minuten

Nährwertangaben: Kalorien: 150 kcal, Kohlenhydrate: 7 g, Fett: 9 g, Eiweiß: 8 g

Zutaten für 2 Personen:

- 250 g Tofu
- 4 getrocknete, in Öl eingelegte Tomaten
- 2 EL Kapern
- Salz und Pfeffer
- Edelsüßes Paprikapulver
- 3 EL Öl
- 3 mittelgroße grüne und gelbe Zucchini
- 1/8 l Gemüsebrühe (frisch oder aus dem Würfel)
- Frisches Basilikum

Zubereitung:

1. Der Tofublock wird zweimal von Eck zu Eck, also diagonal, durchgeschnitten, so dass vier Dreiecke entstehen. Die so entstandenen Dreiecke vorsichtig von der Spitze zur Breitseite hin mit einem Messer aufschneiden. Darauf achten, dass das Dreieck nicht komplett durchgeschnitten wird.
2. Tomaten und Kapern hacken und vermischen, mit etwas Salz und frisch gemahlenem Pfeffer abschmecken. Diese Mischung in die Tofudreiecke füllen. In einer beschichteten Pfanne das Olivenöl erhitzen und die Tofutaschen rundherum goldbraun anbraten. Aus der Pfanne heben und mit Paprikapulver und wenig Salz würzen.
3. Nun die gewaschenen und geputzten Zucchini in schmale Streifen schneiden und in wenig Olivenöl anbraten. Mit der Gemüsebrühe ablöschen, eventuell nochmals abschmecken und für 4-5 Minuten dünsten. Das gewaschene Basilikum fein hacken und dazugeben. Die Zucchinistreifen mit den Tofutäschchen und der übrigen Füllung servieren.

Frittata mit Pilzen und erfrischendem Joghurtdip

Zubereitungszeit: 85 Minuten

Nährwertangaben: Kalorien: 430 kcal, Kohlenhydrate: 8 g, Fett: 28 g, Eiweiß: 30 g

Zutaten für 2 Portionen:

- 1 Zwiebel
- 350 g Kartoffeln
- 400 g weiße oder braune Champignons
- 4TL Sonnenblumenöl
- Salz und Pfeffer
- 1 TL Currypulver
- 4 Eier
- 1 Bund glatte Petersilie
- 100 g Naturjoghurt

Zubereitung:

1. Die geschälte Zwiebel halbieren und in sehr dünne Scheibchen schneiden. Die Kartoffeln waschen und schälen, dann in dünne Scheiben hobeln. Die Pilze putzen und in feine Scheiben schneiden.
2. Nun in einer großen beschichteten Pfanne etwas Olivenöl erhitzen. Die Kartoffelscheiben hineingeben, salzen und bei mittlerer Hitze für 6-7 Minuten braten. Nun die Zwiebeln hinzugeben und für weitere 5 Minuten braten. Die Mischung aus der Pfanne nehmen und beiseitestellen. Jetzt die Pilze unter Rühren in der Pfanne anbraten, mit Salz und frisch gemahlenem Pfeffer würzen. Sobald die Pilzflüssigkeit verdampft ist, mit den Kartoffeln vermischen.
3. Die Eier mit Salz, Pfeffer und dem Currypulver gut verrühren. Etwas Öl in der Pfanne erhitzen, die Hälfte des verquirlten Eis einfüllen und leicht stocken lassen. Die Kartoffel-Pilz-Mischung darauf verteilen, mit einem großen Löffel glattstreichen und dann das restliche verquirlte Ei darauf geben. Deckel auflegen und die Frittata zugedeckt bei kleiner Hitze für ungefähr 12 Minuten backen. Wichtig ist, die Pfanne während des Kochvorgangs ab und zu rütteln, damit die Frittata nicht anbrennt. Dann mithilfe eines glatten Deckels oder eines großen Tellers wenden und kurz die andere Seite der Frittata anbräunen. Auf einen großen Servierteller gleiten lassen.
4. Währenddessen die Petersilie waschen, trocken tupfen und die

Blätter fein hacken. Mit dem Joghurt vermischen und mit Salz und Pfeffer abschmecken. Zu der Frittata reichen.

Marinierte Putenschnitzel mit Schmorgemüse und Curryreis

Zubereitungszeit: etwa 90 Minuten

Nährwertangaben: Kalorien: 650 kcal, Kohlenhydrate: 34.3 g, Fett: 35.3 g, Eiweiß: 7.6 g

Zutaten für 2 Personen:

- 2 kleine Putenschnitzel
- Meersalz
- 1 TL Currypulver
- 6 EL Orangensaft
- 6 EL heller Traubensaft
- 300 ml Gemüsebrühe, selbst gemacht oder aus dem Würfel
- 125 g Vollkornreis
- 1 kleine Zwiebel
- 1 rote Paprikaschote
- 1 kleiner Kohlrabi
- 100 g Maiskörner (Konserve)
- 2 EL Sonnenblumenöl

Zubereitung:

1. Die Putenschnitzel waschen, abtupfen und vorsichtig flachklopfen. Aus 1/4 TL Salz, 1/2 TL Currypulver, dem Orangen- und Traubensaft eine Marinade zubereiten und die Schnitzel darin für ungefähr 1 Stunde marinieren.
2. Inzwischen die Gemüsebrühe mit 1/2 TL Currypulver zum Kochen bringen. Den Vollkornreis dazugeben, mit einem Deckel abdecken und bei schwacher Hitze für ca. 40 Minuten quellen lassen.
3. Die geschälte Zwiebel würfeln. Die Paprika waschen und putzen und dann ebenfalls würfeln. Den Kohlrabi schälen und auch in kleine Würfel schneiden. In einem Topf 1 EL Sonnenblumenöl erhitzen und zunächst die Zwiebel- und Kohlrabiwürfel andünsten, dann die Paprikawürfel dazugeben und zugedeckt bei schwacher Hitze für 2 Minuten schmoren.
4. Den Dosenmais abtropfen lassen und zusammen mit der Hälfte der Marinade unter das Schmorgemüse rühren. Ohne Deckel bei schwacher Hitze für 7 Minuten weiterköcheln lassen. Mit Salz, Pfeffer und Currypulver abschmecken.
5. Die Putenschnitzel aus der Marinade nehmen und abtupfen. Etwas Öl erhitzen und das Fleisch darin von beiden Seiten goldbraun anbraten, mit Salz und Pfeffer würzen. Den Reis eventuell nochmal abschmecken und mit dem Schmorgemüse zu den Putenschnitzeln servieren.

Blattrahmspinat an Mandelquinoa

Zubereitungszeit: Minuten

Nährwertangaben: Kalorien: 499 kcal, Kohlenhydrate: 49 g, Fett: 25 g, Eiweiß: 16 g

Zutaten für 1 Portion:

- 1 kg Blattspinat (tiefgekühlt)
- 250 g Quinoa
- 2 EL Olivenöl
- Salz und Pfeffer, Muskat
- 1 TL Gemüsebrühegranulat
- 250 ml Hafersahne
- 50 g Mandeln (geraspelt)

Zubereitung:

1. Zunächst den tiefgekühlten Spinat rechtzeitig auftauen lassen, überschüssiges Wasser abgießen, den Spinat eventuell noch vorsichtig ausdrücken.
2. Die Quinoa in einem Sieb mehrere Male sehr gut spülen, um die Bitterstoffe zu entfernen. Der Packungsanleitung folgend zubereiten.
3. In einer beschichteten Pfanne etwas Öl erhitzen und den Spinat für ungefähr 3-4 Minuten unter Rühren andünsten.
4. Mit Salz, Pfeffer und Muskat je nach Geschmack würzen. Die Gemüsebrühegranulat hinzufügen und gut unterrühren. Dann die Hafersahne unter den Spinat ziehen. Alles kurz aufkochen lassen und eventuell nochmals abschmecken.
5. Die Mandeln in einer Pfanne ohne Fett goldbraun anrösten bis sie zu duften anfangen. Aufpassen, dass sie nicht anbrennen.
6. Den Spinat und die Quinoa zusammen auf tiefen Tellern anrichten und mit den Mandeln bestreut servieren.

Gefüllte Kohlrabis mit Frischkäsesoße

Zubereitungszeit: 75 Minuten

Nährwertangaben: Kalorien: 223 kcal, Kohlenhydrate: 9.9 g, Fett: 2.7 g, Eiweiß: 30.8 g

Zutaten für 4 Portionen:

- 4 Kohlrabis
- 3 kleine Möhren
- 1 Aubergine
- 125 g gekochter Schinken
- Olivenöl
- 200 g Frischkäse
- 1 Bund glatte Petersilie
- 50 g milder Gouda
- Salz, Muskatnuss
- ½ TL Gemüsebrühegranulat

Zubereitung:

1. Geschälte Kohlrabis in einem Topf mit einem halben Liter Salzwasser für ungefähr 35 Minuten bei geschlossenem Deckel garen. Darauf achten, dass sie noch bissfest sind.
2. Die Kohlrabis aus dem Topf nehmen und beiseite stellen, damit sie abkühlen können. Das Kochwasser aufbewahren. Nun von den Kohlrabis einen Deckel abschneiden und sie mit einem kleinen Löffel aushöhlen. Nebeneinander in eine ofenfeste Auflaufform setzen.
3. Nun die Füllung für die Kohlrabis vorbereiten: Das Innere der Kohlrabis würfeln. Die Möhren schälen, waschen und grob reiben. Die gewaschene Aubergine und den gekochten Schinken jeweils in kleine Würfel schneiden. Den Gouda reiben und die gewaschene Petersilie fein hacken.
4. Das Kohlrabifleisch, die Möhren, Auberginen, Schinken, 1 EL Olivenöl und etwas Salz miteinander vermischen. Damit die Kohlrabis füllen und mit dem geriebenen Gouda bestreuen.
5. Sollte Gemüsefüllung übrigbleiben, diese in der Ofenform verteilen. Nun 200 ml von der Kohlrabiflüssigkeit abmessen, das Gemüsebrühegranulat in die Flüssigkeit einrühren und in die Auflaufform gießen. Im vorgeheizten Backofen bei 200-220 Grad

(Umluft: 175-200 Grad) für 15 bis 20 Minuten backen, bis der Käse eine schöne goldbraune Farbe angenommen hat.

6. Die Kohlrabis nach dem Ende der Backzeit warmstellen. Die Flüssigkeit aus der Auflaufform in einen Topf gießen, den Frischkäse mit 2 EL Öl hinzugeben, mit Salz, Pfeffer und Muskat abschmecken. Die Soße erhitzen, aber nicht kochen lassen. Die gefüllten Kohlrabis mit Petersilie bestreuen und zusammen mit der Frischkäsesoße in tiefen Tellern servieren.

Buchweizenauflauf mit Gemüse

Zubereitungszeit: Minuten

Nährwertangaben: Kalorien: 286 kcal, Kohlenhydrate: 14 g, Fett: 21 g, Eiweiß: 10 g

Zutaten für 4 Portionen:

- 300 g Buchweizen
- 3 kleine Möhren
- 350 g braune oder weiße Champignons
- 1 mittelgroße Aubergine
- 3 Bio-Eier
- ½ Bund glatte Petersilie, fein geschnitten
- ¼ l Gemüsebrühe, frisch oder aus dem Würfel
- 3 EL Olivenöl
- Salz und Pfeffer nach Geschmack
- 125 g Gouda, gerieben

Zubereitung:

1. Den Buchweizen mehrfach gründlich waschen und in etwa 600 ml kochendes Salzwasser geben. Für 5 Minuten köcheln lassen, dann den Topf von der Hitze nehmen und den Buchweizen für ca. 15 Minuten quellen lassen, dabei nicht umrühren.
2. Die Möhren schälen und grob raspeln. Die Champignons putzen und in dünne Scheiben schneiden. Die Aubergine waschen und in relativ kleine Würfel schneiden.
3. Nun die Möhren, Aubergine und Champignons vorsichtig mit dem Buchweizen vermengen und in eine eingefettete ofenfeste Form füllen.
4. Die Eier mit der Petersilie, dem Öl und der Gemüsebrühe in einer Schüssel gut verrühren. Mit Salz und Pfeffer kräftig würzen und über den Auflauf gießen. Alles mit dem geriebenen Gouda bestreuen und im Ofen bei 200 Grad Unter-/Oberhitze für ungefähr 20 Minuten backen, bis der Käse eine schöne Farbe angenommen hat.

Orientalischer Grünkohl mit Räuchertofu

Zubereitungszeit: 50 Minuten

Nährwertangaben: Kalorien: 427 kcal, Kohlenhydrate: 39 g, Fett: 18 g, Eiweiß: 9 g

Zutaten für 2 Personen:

- ½ kg Grünkohl
- 125 g Räuchertofu
- 1 kleine Süßkartoffel
- 1 großen süßen Apfel, z.B. Jonagold
- 2 Schalotten
- 500 ml Gemüsebrühe
- 2 EL Olivenöl
- 1 TL Meerrettich aus dem Glas
- 2 TL Kapern aus dem Glas
- 2 TL Speisestärke
- Jeweils ½ TL Muskatnuss, Kurkuma, Kreuzkümmel, Koriander

Zubereitung:

1. Den Grünkohl waschen, halbieren und in schmale Streifen schneiden. Diese zusammen mit der Gemüsebrühe in einen Topf geben und zum Kochen bringen. Die Temperatur auf die niedrigste Stufe reduzieren und für etwa 25 Minuten leicht köcheln lassen.
2. Die Süßkartoffeln schälen und würfeln, den Apfel schälen, entkernen und ebenfalls in kleine Stücke schneiden. Die Schalotten schälen und fein hacken. Den Räuchertofu abwaschen, trocknen und in kleine Würfel schneiden.
3. Nun das Öl in einer beschichteten Pfanne erhitzen und die Süßkartoffeln darin bei mittlerer Hitze unter Wenden für 8-10 Minuten anbraten. Den Tofu hinzufügen und für 3 Minuten mitbraten.
4. Die Hitze der Pfanne reduzieren und die Schalotten mit dem Apfel dazugeben und für 2 Minuten braten. Mit Kurkuma, Kreuzkümmel und Koriander würzen. Den Meerrettich einrühren, die Kapern abtropfen lassen, grob hacken und ebenfalls dazugeben. Alles gut umrühren und mit Salz, Pfeffer und Muskat abschmecken.
5. 5 Minuten vor Garende des Grünkohls die Speisestärke einrühren und mit Salz und Pfeffer abschmecken.

Hähnchenfilet mit geschmorten Zucchini

Zubereitungszeit: 30 Minuten

Nährwertangaben: Kalorien: 532 kcal, Kohlenhydrate: 17 g, Fett: 28 g, Eiweiß: 49 g

Zutaten für 4 Portionen:

- 750 g Kartoffeln (fest kochend)
- 250 ml Gemüsebrühe
- 125 g Kochsahne
- 150 g Weichkäse nach Geschmack, z.B. Camembert oder Brie
- Salz und Pfeffer
- Etwas Zitronensaft
- 750 g Hähnchenbrustfilet
- 40 g Butter
- 450 g Zucchini
- 2 TL gehackter Schnittlauch

Zubereitung:

1. Die Kartoffeln sehr gut waschen und in einem großen Topf für ca. 20 Minuten als Pellkartoffeln zubereiten.
2. Die Brühe zusammen mit der Kochsahne in einem Topf erhitzen, den Weichkäse entrinden und darin schmelzen lassen. Die Soße mit Salz, Pfeffer und einem Spritzer Zitronensaft abschmecken und für etwa 10 Minuten leise köcheln lassen.
3. Das Hähnchenfleisch waschen, mit Küchenpapier abtupfen und mit Salz und Pfeffer würzen. Die Hälfte der Butter in einer beschichteten Pfanne zerlassen und das Hähnchenbrustfilet rundherum gut anbraten. Die Hitze reduzieren und das Fleisch auf niedriger Flamme noch für weitere 10 Minuten zugedeckt ziehen lassen.
4. Nun die Zucchini waschen, in Scheiben schneiden und in der übrigen Butter anbraten. Mit Salz und Pfeffer abschmecken.
5. Den gehackten Schnittlauch zur Soße geben. Zum Servieren die Hähnchenbrustfilets schräg in Scheiben schneiden und an den Zucchini, Kartoffeln und mit einem Soßenspiegel anrichten.

Zander an Gemüsespaghetti

Zubereitungszeit: 30 Minuten

Nährwertangaben: Kalorien: 351 kcal, Kohlenhydrate: 9.6 g, Fett: 13.9 g, Eiweiß: 48.1 g

Zutaten für 2 Portionen:

- 2 mittelgroße Kohlrabis
- Olivenöl
- Salz und Pfeffer
- 2 Zanderfilets (jeweils 250 g)
- Etwas Zitronenschale

Zubereitung:

1. Die Kohlrabis schälen und mit einem Spiralschneider zu Spaghetti verarbeiten oder mit dem Messer in sehr dünne Streifen schneiden.
2. In einem Topf Olivenöl erhitzen und die Kohlrabispaghetti ganz kurz darin schwenken. Dann etwas Wasser angießen, mit Salz, Pfeffer und geriebener Muskatnuss würzen und für ein paar Minuten bissfest dünsten (probieren!).
3. Die Zanderfilets gründlich unter fließendem Wasser waschen, trocken tupfen und die Hautseite mehrmals quer einschneiden. Den Fisch würzen und in Olivenöl zunächst auf der Hautseite stark anbraten. Unbedingt dabeibleiben, denn sobald das Filet leicht glasig wird, wenden und noch kurz auf der Fleischseite anbraten.
4. Zum Servieren aus den Kohlrabispaghetti mit der Gabel kleine Nester aufrollen und mit dem gebratenen Zanderfilet anrichten.

Kalbsfrikassee mit Hokkaido-Nockerln

Zubereitungszeit: 90 Minuten

Nährwertangaben: Kalorien: 393 kcal, Kohlenhydrate: 22.7 g, Fett: 16.5 g, Eiweiß: 43.9 g

Zutaten für 4 Personen:

Frikasse:

- 400 g Kalbfleisch, am besten Kalbsnuss
- Olivenöl
- 3 kleine Zwiebeln, in Scheiben geschnitten
- 150 ml Kokosmilch
- Salz und Pfeffer
- Majoran, gehackt
- 1 Fenchelknolle
- 150 g weiße Champignons
- 100 g Erbsen (frisch oder tiefgekühlt)

Nockerln:

- 300 g Hokkaido-Kürbis mit Schale
- Salz und Pfeffer
- 1 EL Olivenöl
- 1 Prise Muskatnuss
- Thymian, fein gehackt
- 125 g Weizengrieß
- 1 Ei

Zubereitung:

1. Das Fleisch waschen, abtrocknen und in nicht zu kleine Würfel schneiden. Dann in einem Topf in heißem Olivenöl rundherum anrösten, aus dem Topf nehmen.
2. Die Zwiebelscheiben im Bratensatz glasig dünsten und sofort das Fleisch wieder dazugeben. Jetzt mit der Kokosmilch angießen, mit Salz und Pfeffer würzen und zugedeckt bei niedriger Flamme köcheln lassen.
3. Die Fenchelknolle schälen, klein würfeln und zum Fleisch geben. Die Champignons putzen, in dünne Scheiben schneiden und mit den frischen oder aufgetauten Erbsen zum Fleisch geben. Bei Bedarf eventuell noch etwas Wasser angießen und fertig schmoren.

4. Für die Nockerln den Hokkaido-Kürbis gut waschen, der Hälfte nach durchschneiden und mit einem Löffel die Kerne herausschaben. Die entkernten Kürbishälften salzen, mit Olivenöl einpinseln und in Alufolie wickeln, damit das Kürbisfleisch nicht anbrennt. Im vorgeheizten Backofen (200 Grad, Ober-/Unterhitze) für 25 Minuten weich garen lassen, dann die Kürbishälften aus der Alufolie wickeln und das weich Kürbisinnere mit einem Löffel aus der Schale löffeln. Das Kürbisfleisch mit einer Gabel zerdrücken oder mit einem Stabmixer kurz pürieren und mit den übrigen Zutaten zu einem Teig vermengen, der nun für 10 Minuten rasten muss.
5. Aus dem Teig mit der Hilfe von zwei Löffeln Nockerln formen und im leicht kochenden Salzwasser für ca. 5–8 Minuten ziehen lassen. Die Nockerln sind fertig, wenn sie an die Wasseroberfläche kommen.
6. Das Kalbsfrikassee an den Kürbisnockerln anrichten und genießen!

Cremige Süsskartoffel-Pastinaken-Suppe mit Kokosmilch

Zubereitungszeit: 35 Minuten

Nährwertangaben: Kalorien: 738 kcal, Kohlenhydrate: 133 g, Fett: 9 g, Eiweiß: 26 g

Zutaten für 4 Portionen:

- 1 Süßkartoffel
- 1 große Pastinake
- 1 mehlig kochend Kartoffel
- 1 Knoblauchzehe
- 1 große Gemüse-Zwiebel
- ½ Bund frische Petersilie
- 2 EL Schnittlauchröllchen
- 3 EL Kokosmilch
- Salz und weißer Pfeffer
- 750 l Gemüsebrühe
- etwas Rapsöl

Zubereitung:

1. Das Gemüse sowie den Knoblauch und die Zwiebel schälen und in nicht zu große Stücke schneiden.
2. Die Zwiebe in etwas Öl in einem großen Topf anschwitzen, bis sie leicht glasig ist. Dann das Gemüse und den Knoblauch dazugeben und für 5 Minuten schmoren lassen. Die Gemüsebrühe angießen und mit Salz und Pfeffer abschmecken.
3. Das Gemüse in 10-15 Minuten weichkochen, dann die Kokosmilch hinzugeben und mit einem Pürierstab pürieren, bis keine Gemüsestückchen mehr vorhanden sind.
4. Je nach Geschmack etwas mehr Gemüsebrühe oder Kokosmilch hinzugeben, sollte die Suppe zu dickflüssig sein. Petersilie und Schnittlauch hacken und in die Suppe geben. Abschmecken und in tiefen Tellern servieren.

Bunte Quinoapfanne

Zubereitungszeit: 40 Minuten

Nährwertangaben: Kalorien: 580 kcal, Kohlenhydrate: 78 g, Fett: 19 g, Eiweiß: 20 g

Zutaten für 4 Portionen:

- Jeweils 35 g rote und weiße Quinoa
- 2 Lauchzwiebeln
- 150 g Shiitake-Pilze oder braune Champignons
- 150 g Spitzkohl
- 1 mittelgroße Zucchini
- 3 kleine Möhren
- 1 EL Sonnenblumenöl
- Salz und weißer Pfeffer
- Limettenabrieb von einer halben Bio-Limette
- ½ EL Sesam
- 1 EL fein geschnittener Koriander

Zubereitung:

1. Die Quinoa den Anweisungen auf der Packung folgend kochen.
2. Die Lauchzwiebeln, die Pilze, den Spitzkohl, die Zucchini und die Möhren putzen bzw. waschen und klein schneiden.
3. Das Sonnenblumenöl in einer Pfanne erhitzen und die Pilze, Möhren und Zucchini unter Rühren für ungefähr Minuten anschmoren. Den Spitzkohl hinzufügen und weitere 2 Minuten braten. Die Lauchzwiebeln dazu geben und kurz mitbraten.
4. Die Quinoa unter das Gemüse rühren und alles mit weißem Pfeffer und dem Limettenabrieb würzen.
5. Den Sesam in einer kleinen beschichteten Pfanne auf kleiner Flamme und ohne die Zugabe von Fett anrösten, bis er anfängt zu duften.
6. Zum Servieren die Quinoapfanne mit dem Sesam und dem gehackten Koriander bestreuen und nach Belieben mit Limettensaft beträufeln.

Wildlachs auf exotischem Gemüsebett

Zubereitungszeit: 35 Minuten

Nährwertangaben: Kalorien: 1847 kcal, Kohlenhydrate: 38 g, Fett: 117 g, Eiweiß: 146 g

Zutaten für 4 Portionen:

- 4 Wildlachsfilets (je etwa 150 g)
- 2-3 mittelgroße Zucchini
- 350 g Stangensellerie
- 1 kleine rote Zwiebel
- Je 1 Handvoll frischer Koriander und frisches Basilikum
- Je ½ Handvoll frische Petersilie, Minze und Dill
- Ein daumengroßes Stück Ingwer
- 250 ml Kokosmilch
- 1 Limette
- 3 EL Olivenöl (extra vergine)
- Salz und Pfeffer

Zubereitung:

1. Die Lachsfilets waschen und mit Küchenpapier abtrocken. Mit Salz und Pfeffer würzen.
2. Die Zucchini waschen und würfeln. Den Stangensellerie waschen und in schmale Streifen schneiden.
3. Die Zwiebel schälen und fein würfeln. Den Ingwer schälen und klein schneiden.
4. Zwiebel, Ingwer und Sellerie in 1 EL Öl für etwa 3 Minuten in einer beschichteten Pfanne anbraten. Die Zucchini kurz mit anschwitzen, dann die Kokosmilch dazugeben. Kurz aufwallen lassen und mit Salz und Pfeffer abschmecken.
5. In einer separaten Pfanne den Lachs in 2 EL Olivenöl zubereiten.Zuerst für etwa 3 Minuten auf der Hautseite anbraten, dann mit Hilfe eines Pfannenwenders auf die andere Seite wenden und für weitere 3 Minuten braten.
6. Die Kräuter fein hacken und unter das Zucchini-Sellerie-Gemüse heben. Den Wildlachs auf dem Gemüsebett anrichten und je nach Geschmack mit Limettensaft beträufeln.

Gebackenes Ofengemüse

Zubereitungszeit: 45 Minuten

Nährwertangaben: Kalorien: 480 kcal, Kohlenhydrate: 46 g, Fett: 29 g, Eiweiß: 6 g

Zutaten für 2 Portionen:

- 1 Zuchini
- 3 Möhren
- 1 Pastinake
- Frischer Kräuter, wie z.B. Thymian, Petersilie, Rosmarin
- Salz und Pfeffer nach Geschmack
- 2 EL Olivenöl (nativ)

Zubereitung:

1. Die Kartoffeln, Pastinaken und Möhren waschen, schälen und mundgerechte Stücke schneiden. Die Zuchini waschen und in nicht zu dünne Scheiben schneiden.
2. Nun die Kräuter der Wahl, wie z.B. Thymian, Petersilie und Rosmarin, waschen und fein hacken.
3. Das Gemüse entweder in eine große Auflaufform oder auf ein sauberes Backblech geben, das eventuell mit Backpapier ausgelegt wurde. Die gehackten Kräuter darüber streuen und alles gut mit dem Olivenöl vermengen.
4. Das Gemüse im vorgeheizten Backofen bei 200 Grad für 25-30 Minuten garen. Zwischendurch mindestens einmal wenden. Es ist gewünscht, dass das Gemüse an manchen Stellen dunkel gebacken ist, da so die Aromen richtig zur Geltung kommen.
5. Das Ofengemüse aus dem Backofen nehmen, mit Salz und Pfeffer abschmecken, eventuell mit etwas Olivenöl beträufeln und servieren.

Rote-Bete-Eintopf

Zubereitungszeit: 40 Minuten

Nährwertangaben: Kalorien: 1169 kcal, Kohlenhydrate: 127 g, Fett: 58 g, Eiweiß: 27 g

Zutaten für 4 Portionen:

- 350 g Kartoffeln
- 350 g vorgekochte Rote Bete
- 350 ml Gemüsebrühe
- 2 EL Sonnenblumenöl
- 2 Lorbeerblätter
- 1 Zweig Thymian
- 1 EL Sojasoße
- 100 l Hafersahne
- 1 Prise gemahlener Kümmel
- Salz und Pfeffer nach Geschmack
- Gehackte Petersilie

Zubereitung:

1. Die Kartoffeln waschen, schälen und wie auch die Rote Beete in mittelgroße Würfel schneiden. In einem Topf das Öl heiß werden lassen und das Gemüse bei mittlerer Hitze für ca. 10 Minuten anschmoren lassen. Dabei ab und zu umrühren, damit die Würfel nicht anbrennen.
2. Die Kartoffeln und Rote Bete mit der Gemüsebrühe ablöschen und zum Aromatisieren die Lorbeerblätter und den Thymianzweig dazugeben. Den Eintopf mit Kümmel und der Sojasoße würzen.
3. Die Hafersahne unterziehen und das Gericht abgedeckt auf kleiner Flamme für etwa 15 Minuten köcheln lassen.
4. Die Lorbeerblätter entfernen und den Rote-Beete-Eintopf mit Salz, Pfeffer und, je nach Geschmack, mit Zitronensaft abschmecken. In tiefen Tellern mit frisch gehackter Petersilie bestreut servieren.

Zoodles mit Lachs und Avocado-Pesto

Zubereitungszeit: 35 Minuten

Nährwertangaben: Kalorien: 925 kcal, Kohlenhydrate: 9 g, Fett: 78 g, Eiweiß: 40 g

Zutaten für 2 Portionen:

- 2 mittelgroße Zucchini
- 100 g Lachsfilet
- 1 EL Sesam
- ½ reife Avocado
- 20 g frische Basilikumblätter
- 20 g Schafskäse
- 20 g Pinienkerne
- 2 EL Olivenöl (extra vergine)
- Eventuell Zitronensaft
- Salz

Zubereitung:

1. Die Zucchini gut waschen und mit einem speziellen Spiralschneider zu Gemüsenudeln („Zoodles") verarbeiten. Sollte kein Spiralschneider zur Hand sein, dann kann mit einem einfachen Gemüseschäler ein ähnliches Ergebnis erzielen, indem flache „Bandnudeln" von der Zucchini geschält werden, die bei Bedarf dann noch der Länge nach halbiert werden können.
2. Die halbe Avocado schälen und entkernen. Die Basilikumblätter waschen und trocken tupfen. Avocado, Basilikum, Schafskäse, 1 Esslöffel Öl, Pinienkerne und ggfs. Zitronensaft in einem Standmixer zu einer Creme pürieren. Einige Pinienkerne und Basilikumblätter zum Dekorieren beiseitelegen.
3. Den Lachs waschen, trocknen und in große Würfel schneiden. Den Sesam auf einen Teller geben und die Lachswürfel damit panieren.
4. Die Fischwürfel nun mit 1 EL Öl in einer beschichteten Pfanne rundherum anbraten. Nach dem Braten salzen und je nach Geschmack mit etwas Zitronensaft beträufeln.
5. Die Zoodles für ungefähr 3-4 Minuten in Salzwasser köcheln lassen und abtropfen lassen. Die zur Seite behaltenen Pinienkerne in einer Pfanne ohne Öl rösten, bis sie goldgelb sind und anfangen

aromatisch zu duften. Dabei öfter umrühren.

6. Die Zoodles mit den gebratenen Sesam-Lachswürfeln und dem Avocado-Pesto auf flachen Tellern anrichten und mit den gerösteten Pinienkernen und Basilikumblättchen garnieren.

Forellenröllchen auf milder Fenchelcreme

Zubereitungszeit: Minuten

Nährwertangaben: Kalorien: 539 kcal, Kohlenhydrate: 8 g, Fett: 18 g, Eiweiß: 83 g

Zutaten für 2 Personen:

Pochierte Forellenfilet:

- 5 Pfefferkörner
- 3 Wacholderkörner
- 2 Forellenfilets
- 1 Eiweiß, leicht aufgeschlagen
- Frische Kräuter nach Geschmack, z.B. Petersilie, Kerbel, Schnittlauch
- Salz, weißer Pfeffer aus der Mühle

Fenchelcreme:

- 200 g Fenchelknollen (2 kleinere Knollen)
- Salz
- Prise Muskatnuss
- 2 Pimentkörner
- Sechuanpfeffer oder Chilipfeffer
- 1/4 Bund frischer Schnittlauch

Zubereitung:

1. In einem kleinen Topf 250 ml Wasser mit etwas Salz, 4-5 Pfefferkörnern und 2-3 Wacholderkörnern aufkochen lassen.
2. Die Forellenfilets waschen, trocken tupfen und vorsichtig die Haut entfernen. Mit einer Pinzette eventuell noch vorhandene Gräten entfernen. Jeweils eine Seite des Filets mit dem leicht aufgeschlagenen Eiweiß bestreichen und mit den fein gehackten Kräutern bestreuen, salzen und pfeffern und die Filets dann ganz fest einrollen. Damit die Röllchen beim Kochen nicht aufgehen, werden sie optisch attraktiv mit einem Schnittlauchhalm zusammengebunden oder mit einem Zahnstocher fixiert. Die Filets in den heißen Fond geben und zugedeckt für ca. 7-9 Minuten ziehen lassen.
3. Für die Fenchelcreme den Fenchel waschen, vierteln und in Salzwasser mit etwas Muskat und zerdrückten Pimentkörnern weich dünsten. Aus dem Kochwasser heben, den Fenchel mit einem Stabmixer unter Beigabe von etwas Kochwasser aufmixen und, wenn eine besondere Cremigkeit gewünscht wird, nochmals durch ein Sieb.
4. Zum Servieren die Fenchelcreme mittig auf Tellern anrichten, mit gehacktem Schnittlauch bestreuen und die gedünsteten Forellenröllchen in die Mitte des Fenchelcremespiegels setzen.

Risotto mit grünem Spargel und Zucchini

Zubereitungszeit: 55 Minuten

Nährwertangaben: Kalorien: 2610 kcal, Kohlenhydrate: 194 g, Fett: 148 g, Eiweiß: 107 g

Zutaten für 6 Portionen:

- 6 EL Olivenöl
- 450 g mittelgroße Zucchini
- 400 g frischer grüner Spargel
- 1 mittelgroße Zwiebel
- 2 Knoblauchzehen
- 1200 ml Hühner- oder Gemüsebrühe, frisch oder aus dem Würfel
- 400 g Risottoreis (die beste Qualität ist Arborio oder Carnaroli)
- Saft und Zesten einer Zitrone (evtl. weglassen)
- Jeweils 2 TL fein gehackte Minze und Basilikum
- 60 g Pinienkerne
- Salz und frisch gemahlener schwarzer Pfeffer
- 100 g Parmesankäse am Stück

Zubereitung:

1. Die Zucchini waschen, in dünne Scheiben schneiden und mit Salz und Pfeffer würzen. Den Spargel putzen, waschen und in gut 2 cm lange Stücke schneiden. Die Zwiebel schälen und fein hacken, mit dem Knoblauch ebenso verfahren. Die Kräuter fein hacken. Die Pinienkerne ohne Zugabe von Fett in einer kleinen beschichteten Pfanne rösten, bis sie aromatisch zu duften anfangen. Den Parmesankäse zum Servieren fein reiben.
2. In einer großen Bratpfanne das Öl erhitzen und gewürzten Zucchinischeiben kurz anbraten bis sie bissfest sind. Aus der Pfanne nehmen und beiseitestellen. Eventuell noch etwas Olivenöl in die Pfanne geben und mit dem Spargel genauso verfahren. Zu den gebratenen Zucchinischeiben geben und beiseitestellen.
3. In derselben Pfanne die Zwiebel salzen und pfeffern und auf kleiner Stufe glasig dünsten. Nun den gehackten Knoblauch dazugeben und für eine halbe Minute auf kleinster Flamme weiter braten.
4. In einem Topf die Brühe aufkochen lassen und die Hitze reduzieren.
5. Jetzt den Reis in die bei schwacher Hitze bratende Zwiebel-

Knoblauch-Mischung geben. Dabei ständig rühren, bis alle Reiskörner davon bedeckt sind und der Reis beginnt durchsichtig zu glänzen. Nun Kellen weise die köchelnde Brühe zu dem Reis in die Pfanne geben. Die Brühe muss nun erst vom Reis aufgesaugt werden, bevor die nächste Kelle Brühe dazugegeben wird. Nachdem mit viel Geduld die gesamte Brühe hinzugefügt wurde, was durchaus 20-30 Minuten dauern kann, das Risotto probieren. Es sollte zwar weich, aber trotzdem bissfest sein.

6. Abschließend die Zitronenzesten und den -saft einrühren, die gehackten Kräuter und die Pinienkerne dazugeben. Probieren und, falls gewünscht, nachwürzen. Zu guter Letzt die gebratenen Zucchinischeiben und die Spargelstücke hinzufügen. In vorgewärmten Schalen anrichten und mit dem frisch geriebenem Parmesan genießen.

Fisch-Gemüse-Burger im Salatblatt

Zubereitungszeit: 45 Minuten

Nährwertangaben: Kalorien: 350 kcal, Kohlenhydrate: 32 g, Fett: 14 g, Eiweiß: 22 g

Zutaten für 4 Portionen:

- 4 gehäufte TL Haferflocken
- 60 ml warme Milch
- 1 mittelgroße Süßkartoffel
- 1 kleine lila Möhre, ersatzweise die handelsübliche Sorte
- 2 rote Zwiebel
- 1 kleine Zucchini
- Salz und Pfeffer
- 450 g helles Fischfilet (z. B. Seelachs oder Kabeljau)
- 3 EL feingehackte Petersilie
- Cayennepfeffer
- 1 große Fleischtomate
- 8 große Blätter Eisbergsalat
- 3 EL Öl
- Petersilie zum Garnieren
- 200 g Sojajoghurt
- Evtl. 1 TL abgeriebene Bio-Limettenschale
- Evtl.1-2 Spritzer Limettensaft

Zubereitung:

1. Die Haferflocken für gut 10 Minuten in der lauwarmen Milch einweichen. Die Süßkartoffel schälen, in ca. 5 mm dicke Scheiben schneiden und in Salzwasser für 5 Minuten kochen. Abtropfen und abkühlen lassen.
2. Die Möhre, eine der beiden Zwiebeln und die Zucchini raspeln. Jetzt das Fischfilet fein hacken und mit den Zwiebel- und Gemüseraspeln, 2 EL gehackter Petersilie, Salz, Pfeffer, 1 Prise Cayennepfeffer und den Haferflocken in eine Schüssel geben. Die Zutaten zu einer gut formbaren Masse verkneten und für eine halbe Stunde in den Kühlschrank stellen.
3. Aus dem Sojajoghurt unter Zugabe von Limettenschale und -saft, Salz, Pfeffer und 1 EL gehackter Petersilie eine Soße herstellen. Darauf achten, dass alles gut glattgerührt ist, sonst evtl. ein wenig Mineralwasser hinzufügen.
4. Die Fleischtomate und 1 rote Zwiebel in Scheiben schneiden. In etwas Öl die Süßkartoffelnscheiben für etwa 10 Minuten braten. Aus der Fischmasse 4 Burger formen und in heißem Öl auf jeder Seite für ungefähr 5 Minuten braten.
5. Zum Servieren 4 gewaschene und trocken getupfte Salatblätter mit den Fischburgern belegen. Die Tomaten- und Zwiebelscheiben, Süßkartoffeln und Soße je nach Geschmack darauf verteilen. Mit gehackter Petersilie bestreuen und mit jeweils 1 Salatblatt abschließen. Guten Appetit!

Snacks

Kringelsnack aus dem Ofen

Zubereitungszeit: 40 Minuten, Kochzeit: 35 Minuten, Backzeit: 10 Minuten

Nährwertangaben: Kalorien: 200 kcal, Kohlenhydrate: 29 g, Fett: 6 g, Eiweiß: 7 g

Zutaten für 2 Portionen:

- 250 g Kartoffeln
- Salz
- ½ große Möhre
- 2 grüne Oliven (ohne Stein)
- ½ Zwiebel (ca. 25 g)
- ½ EL Butter (ca. 10 g)
- 125 ml fettarme Milch (1,5 % Fett)
- ½ Ei
- Muskatnuss

Zubereitung:

1. Kartoffel etwas putzen, von Erde befreien und in kochendes Wasser geben. Für etwa 20-25 Minuten mit bedecktem Kochdeckel garen lassen.
2. Möhren waschen, schälen und in kleine Würfel schneiden. Zwiebel von der Schale befreien und sowie auch Oliven fein hacken.
3. Einen Topf nehmen, Butter schmelzen lassen und Zwiebel darin andünsten. Vorbereitete Möhren und Oliven sowie 3-4 EL Wasser beifügen. Den Topf mit einem Deckel bedecken und bei kleiner Temperatur für 15 Minuten andünsten. Falls notwendig kann auch Wasser dazugegeben werden, damit ein Anbrennen vermieden wird.
4. Kartoffel vom Herd nehmen, Wasser abgießen und nach kurzer Abkühlung die Schale entfernen. Für den Brei eine Kartoffelpresse oder Kartoffelstampfer nutzen, um die Kartoffeln zu zerkleinern. Das angedünstete Gemüse kann dann untergerührt werden.
5. Ei mit Milch verquirlen und anschließend in den Brei geben. Mit Salz

und Muskatnuss würzen und alles miteinander vermengen. Gut abschmecken und abkühlen lassen.

6. Den Backofen auf 200 Grad (Umluft 180 Grad) anstellen und ein Backbleck mit Backpapier vorbereiten. Mit Hilfe eines Spritzbeutels die Kartoffelmasse in kleine Kringel auf dem Backbleck formen. Dann die Kringel in den Ofen schieben und für etwa 10 Minuten backen.
7. Sobald die Kringelsnacks eine goldbraune Farbe erreicht haben, können sie aus dem Ofen. Gut abkühlen lassen und genießen.

Smoothie: Banane-Ingwer

Zubereitungszeit: 5 Minuten

Nährwertangaben: Kalorien: 385 kcal, Kohlenhydrate: 66 g, Fett: 6 g, Eiweiß: 14 g

Zutaten für 2 Portionen:

- 100 g Fruchteis
- 480 ml fettarme Milch
- 2 reife Bananen
- 240 ml fettarmer Joghurt (alternativ pflanzliche Variante)
- ½ TL frischer Ingwer (geschält, fein gerieben)
- 2 EL Rohrzucker oder Honig (nach Belieben)

Zubereitung:

1. Alle Zutaten in einen Smoothie Mixer oder Küchengerät mit Mixfunktion einfüllen.
2. Den Smoothie zubereiten bis eine glatte Konsistenz erreicht ist.
3. Je nach Geschmack Rohrzucker oder Honig hinzufügen und den Smoothie in zwei hohe Gläser eingießen.

Herzhafte Nuss-Muffins aus Kürbis

Zubereitungszeit: 30 Minuten, Backzeit: 30 Minuten

Nährwertangaben: Kalorien: 719 kcal, Kohlenhydrate: 67 g, Fett: 41 g, Eiweiß: 14 g

Zutaten für 4 Portionen (12 Muffins):

- 125 g Hokkaido- oder Butternusskürbis
- 2 Bio-Orange
- 80 g gemahlene Haselnüsse
- 2 Eier
- 50 g Rohrzucker
- 10 EL Rapsöl
- 70 g fettarmer Joghurt
- 260 g Mehl
- 3 TL Backpulver
- 2 Prisen Salz

Zubereitung:

1. Den Backofen bei 200 Grad (Umluft 180 Grad) vorheizen.
2. Den Kürbis waschen, Schale entfernen und in größere Stücke schneiden. Anschließend mit Hilfe eines Küchengerätes oder Raspel reiben.
3. Orangen unter heißem Wasser waschen und die Schale fein reiben. Weiterhin den Saft auspressen.
4. Eine Schüssel nehmen und die Eier mit einem Handrührgerät kurz mixen. Anschließend den Rohrzucker, Rapsöl, Joghurt und den Orangensaft hineingeben. Die Orangenschale und -saft auch unter die Masse heben.
5. Mehl und Backpulver in eine zweite Schüssel geben und 2 Prisen Salz sowie den Zimt dazufügen. Nach dem Verrühren kann die vorbereitete trockene mit der flüssigen Masse zusammengeführt werden. Anschließend diese mit dem Standmixer oder Handrührgerät vermischen bis sich die Masse zu einem Teig bildet.
6. Nun die vorbereiteten Kürbisraspel zusammen mit den Nüssen unter dem Teig verteilen.
7. Als nächsten Schritt etwa 12 Muffin-Förmchen bereitstellen und mit

Teig befüllen. Die Muffins für 25-30 Minuten backen. Dann aus dem Ofen nehmen und nach etwas Abkühlen von den Förmchen lösen.

8. Die herzhaften Nuss-Muffins dienen als Snack sowie auch zum Frühstück oder als Beilage.

Smoothie: Karotte-Banane-Erdbeere

Zubereitungszeit: 5 Minuten

Nährwertangaben: Kalorien: 235 kcal, Kohlenhydrate: 32 g, Fett: 3 g, Eiweiß: 8 g

Zutaten für 2 Portionen:

- 480 ml gekühlter Karottensaft
- 1 große Banane
- 6 gefrorene Erdbeeren
- 240 g fettarmer Joghurt
- 1 TL Kurkuma
- ½ TL Ingwer

Zubereitung:

1. Alle Zutaten in den Smoothie Mixer oder Küchengerät mit Mixfunktion geben.
2. Den Smoothie etwa 30 Sekunden zubereiten bis alle Bestandteile verkleinert sind und eine glatte Smoothie Konsistenz erreicht ist.
3. Den Mix gleichmäßig in zwei hohe Gläser eingießen und genießen.

Dattel-Riegel mit Zimtnote

Zubereitungszeit: 25 Minuten, Backzeit: 30 Minuten

Nährwertangaben: Kalorien: 153 kcal, Kohlenhydrate: 15 g, Fett: 8,5 g, Eiweiß: 3 g

Zutaten für 12 Riegel:

- 50 g Walnüsse
- 50 g Datteln (alternativ Feigen)
- ½ Bio-Orange
- 40 g weiche Butter
- 50 g Rohrzucker
- 1 Prise Salz
- 1 Ei
- 75 g Vollkornmehl
- 1 TL Backpulver
- 50 g gemahlene Haselnüsse
- 50 g getrocknete Cranberrys
- ½ TL Kakao (Pulver)
- ¼ TL Zimt (alternativ Kardamom)

Zubereitung:

1. Den Backofen bei 180 Grad (Umluft 160 Grad) vorheizen.
2. Walnüsse in einen Mixer geben und mahlen. Die Datteln entkernen und in kleine Würfel schneiden.
3. Orange mit heißem Wasser waschen, trocknen und die Schale abreiben. Daraufhin die Orangen pressen.
4. Eine Schüssel nehmen und Butter, Zucker, Salz sowie Orangenschalen vermischen. Das Ei dazugeben und auch verrühren.
5. Das Mehl, Backpulver, Datteln, Cranberrys, Walnüsse, Kakao und Zimt zu der Masse dazugeben. Alles miteinander verrühren und kneten bis ein Teig entsteht.
6. Ein Backblech mit Backpapier belegen und den Teig etwa 1 cm dick ausrollen. Es ist einfacher, wenn man eine Frischhaltefolie auf den Teig legt, dann bleibt dieser nicht am Nudelholz haften. Anschließend die Teigmasse im Ofen für etwa 30 Minuten backen

lassen.

7. Sobald der Teig durchgebacken ist, das Blech aus dem Ofen nehmen, den Orangensaft darüber beträufeln und für weitere 5 Minuten abkühlen lassen.
8. Nun können die Riegel in 12 gleichgroße Rechtecke geschnitten werden und sind nach vollständiger Abkühlung zum Verzehr bereit.

Smoothie: Zimt-Heidelbeere

Zubereitungszeit: 5 Minuten

Nährwertangaben: Kalorien: 284 kcal, Kohlenhydrate: 95 g, Fett: 12 g, Eiweiß: 18 g

Zutaten für 2 Portionen:

- 230 gefrorene Heidelbeeren
- 240 ml gekühlter Apfelsaft (ungesüsst)
- 230 g Haferflocken (Vollkorn)
- 2/3 TL Zimt (gemahlen)
- 480 ml kühle Mandelmilch

Zubereitung:

1. Alle Zutaten zusammen in einen Smoothie Mixer oder alternativ Küchengerät mit Mixfunktion einfüllen.
2. Den Smoothie etwa 30 Sekunden zubereiten bis er sich zu einer glatten Konsistenz bildet.
3. Nach dem Mixen die Masse ein paar Minuten verweilen lassen, damit die Haferflocken aufquellen können.
4. Smoothie in zwei hohe Gefässe füllen und bei Belieben mit ein bisschen Zimt toppen.

Guacamole Snack/Beilage

Zubereitungszeit: 10 Minuten

Nährwertangaben: Kalorien: 240 kcal, Kohlenhydrate: 3 g, Fett: 23 g, Eiweiß: 3 g

Zutaten für 4 Portionen:

- 2 Avocado
- 2 Tomaten
- 2 kleine Zehen Knoblauch
- 2 Spritzer Zitrone (evtl. weglassen)
- Salz
- aus der Mühle: Pfeffer
- 1 rote oder grüne Chilischote (evtl. weglassen)

Zubereitung:

1. Tomaten säubern und am Stiel ein Kreuz einritzen. In einen Behälter geben und mit heißem Wasser übergießen.
2. Avocado entkernen, schälen und das Fleisch mit Hilfe einer Gabel zerdrücken.
3. Die Tomaten abgießen, kalt abspülen und die Haut abziehen. Die Stiele entfernen und die Tomate in kleine Würfel schneiden. Eventuelle Kerne entfernen. Knoblauchzehen von Schale befreien und in feine Stücke hacken.
4. Tomaten, Knoblauch und Zitronensaft zusammen mit dem Avocadofleisch vermengen. Je nach Verträglichkeit kann auch eine halbe Chillischote in feine Ringe geschnitten werden und unter die Masse gemischt werden.
5. Mit Salz und Pfeffer abschmecken und zusammen z.B. mit frischen Gemüsesticks oder Brotsnacks servieren.

Hirse-Möhren-Puffer

Zubereitungszeit: 10 Minuten, Kochzeit: 30 Minuten, Bratzeit: 5-10 Minuten

Nährwertangaben: Kalorien: 425 kcal, Kohlenhydrate: 51 g, Fett: 18 g, Eiweiß: 15 g

Zutaten für 4 Portionen:

- 1 mittelgroße Möhre
- 250 g Hirse
- 1 Zwiebel
- 2 EL Sojamehl
- 50 g Sonnenblumenkerne
- 50 g Sesam
- ½ TL Salz
- Olivenöl

Zubereitung:

1. 650 ml Wasser zum Kochen bringen und Salz dazu geben. In der Zwischenzeit Möhre säubern, schälen und in feine Würfel schneiden.
2. Sobald das Wasser kocht, können Karottenwürfel und Hirse in den Kochtopf gegeben werden und für 30 Minuten kochen. Danach noch 5 Minuten quellen lassen.
3. Während des Kochvorgangs Zwiebel in kleine Würfel aufbereiten und Sonnenblumenkerne grob hacken.
4. Sobald die Hirse mit den Möhren fertiggekocht ist, kann sie mit Sojamehl, Sonnenblumenkerne, Sesam sowie Zwiebelwürfel vermengt werden. Daraus sollte dann eine teigförmige Masse entstehen.
5. Hände anfeuchten und den Teig in die Form von flachen Puffern bringen. Olivenöl in der Pfanne erhitzen und Hirsepuffer darin anbraten bis der Teig zu einer festen Konsistenz backt.
6. Anschließend aus der Pfanne nehmen und abkühlen lassen.

Traditionelle Apfelküchle

Zubereitungszeit: 10 Minuten, Ruhezeit: 30 Minuten, Backzeit: 40 Minuten

Nährwertangaben: Kalorien: 355 kcal, Kohlenhydrate: 43 g, Fett: 17 g, Eiweiß: 21 g

Zutaten für 12 Portionen (1 Springform á 30 cm):

- Teig:
  - 300 g Mehl
  - 1 TL Salz
  - 200 g Margarine
- Füllung
  - 1 kg Äpfel (z.B. Elstar)
  - 1 Bio-Zitrone
  - 1 Vanilleschote
  - 200 g Zucker
  - ½ EL Zimt
  - 30 g Mehl
  - Mehl zum Ausrollen
  - Fett für die Form (z.B. Margarine, Butter)
  - 40 g Butter
  - 2-3 EL fettarme Milch

Zubereitung:

1. Den Backofen auf mittlerer Schiene bei 200 Grad (Umluft 180 Grad) vorheizen.
2. Alle Zutaten für den Teig miteinander mischen und mit 6-7 EL kaltem Wasser und Hilfe eines Küchengerätes mit Knethaken zu einem Teig kneten. Die Hände nutzen, um den Teig zu einer glatten Konsistenz zu formen. Anschließend die Schüssel abdecken und für etwa 30 Minuten ruhen lassen.
3. In der Zwischenzeit kann mit der Füllung gestartet werden. Dafür die Äpfel schälen, Kerne entfernen und in dünne Scheiben vorbereiten. Zitrone unter heißem Wasser waschen, die Schale mit einer Reibe leicht abreiben sowie die Zitrone pressen. Das Mark der Vanilleschote mit einer Messerspitze entnehmen. Diese dann zusammen mit den Apfelscheiben und der Zitronenschale und -saft vermischen. Weiterhin den

Zucker, Zimt, Muskat und das Mehl hinzugeben und alles miteinander vermengen.

4. Eine saubere Oberfläche mit etwas Mehl bedecken und etwa 2/3 der Teigmasse mit einem Nudelholz zu einer runden Fladenform ausrollen. Die Größe des Fladens sollte etwa 36 cm Durchmesser betragen. Als nächsten Schritt kann der Teig in eine eingefettete Form gelegt werden. Hierbei die überstehenden Ränder nach oben klappen. Am Rand sollte der Teig etwa 3 cm nach oben reichen.
5. Das andere 1/3 des Teiges kann nun auch ausgerollt werden und zum Ausstechen verschiedener Formen dienen. Das können z.B. Äpfel, Ranken oder Blätter sein.
6. Weiterhin die Apfelmischung in die Form hineinfüllen und die ausgestochenen Teigformen zur Verzierung auf den Kuchen dekorieren.
7. Den Kuchen mit einem Backpapier abdecken und für 40 Minuten lang bei mittlerer Temperatur 200 Grad (Umluft 180 Grad) backen.
8. Nun kann der Apfelkuchen aus dem Ofen entnommen werden. Weiterhin das Backpapier entfernen und die Oberfläche des Teiges mit 2-3 EL Milch einstreichen. Dann kann der Kuchen nochmal 10 weitere Minuten in den Ofen, um seine finale Bräunung zu erhalten.
9. Nach Ablauf der Zeit den Kuchen direkt lauwarm oder auch zu einem späteren Zeitpunkt kalt servieren.

Mangokuchen

Zubereitungszeit: 20 Minuten, Backzeit: 30-40 Minuten

Nährwertangaben: Kalorien: 429 kcal, Kohlenhydrate: 44 g, Fett: 22 g, Eiweiß: 11 g

Zutaten für 2 Portionen (1 Springform á 15-20 cm):

- 4 Eier (alternativ: 160 g Quark)
- 40 g Roggenvollkornmehl
- 2 TL Natron
- 200 g Karotte
- 320 g Mango
- 2 EL (natives) Kokosöl
- 1 Vanilleschote
- Zimt
- Salz
- Fett für die Form (z.B. Margarine, Butter)

Zubereitung:

1. Den Backofen bei 180 Grad Umluft vorheizen.
2. Die Karotte säubern und in feine Raspeln vorbereiten. Die Mango schälen, entkernen und in feine Würfel schneiden.
3. Natron unter das Mehl geben und zusammen mit der Fruchtmischung und Kokosöl in einer Schüssel mischen.
4. Eier trennen und vier Eigelb mit in die Mischung geben sowie diese mit Zimt und Vanille aus der Schote verfeinern. Eiweiß vorerst mit einer Prise Salz aufschlagen und auch unter die Masse heben.
5. Eine kleine Kuchenform (Durchmesser 15-20 cm) einfetten und die Masse hineingeben. Den Kuchen bei 180 Grad Umluft bei einer Backzeit von etwa 30-40 Minuten backen.
6. Der Mangokuchen überzeugt von seiner Einfachheit und schneller Backzeit. Er kann warm sowie auch kalt genossen werden. Auch das Einfrieren des Kuchens ist möglich.

Süßer Kürbissnack

Zubereitungszeit: 20 Minuten, Backzeit: ca. 70 Minuten

Nährwertangaben: Kalorien: 278 kcal, Kohlenhydrate: 22 g, Fett: 17 g, Eiweiß: 7 g

Zutaten für 16 Portionen:

- 200 g Hokkaido Kürbis
- 150 g Rohrzucker
- 4 Eier
- 200 g Butter
- 125 g Mandeln (gemahlen)
- 275 g Kichererbsenmehl
- 3 TL Backpulver
- 1 Prise Salz
- 2 TL Zitronenschale (gerieben)
- 50-100 ml fettarme Milch
- Puderzucker (nach Bedarf)

Zubereitung:

1. Backofen anstellen und auf mittlerer Stufe bei 180 Grad vorheizen.
2. Den Kürbis von seinen Kernen befreien und mit einer Kartoffelreibe zubereiten. Die Masse in eine Rührschüssel geben und Rohrzucker, Eier sowie Butter hinzufügen. Mit einem Handmixer die Masse gut mixen.
3. Mandeln, Kichererbsenmehl sowie Backpulver und Zitronenschale unter die Mischung geben. Unter gelegentliches Hinzufügen von Milch die Mischung vorerst auf kleiner Stufe und dann für mindestens 3 Minuten auf hoher Stufe mixen. Ziel ist es, den Teig so zuzubereiten, dass er nur schwer vom Löffel fällt.
4. Eine kastenförmige Backform mit etwas Butter einfetten und den Teig hineinfüllen. Im vorgeheizten Backofen kann der Ofen bei 190 Grad Ober-/Unterhitze für etwa 70 Minuten backen. Am besten nach etwa 60 Minuten schon mal testen wie weit der Teig durchgebacken ist und Zeit entsprechend anpassen.
5. Der Kuchensnack ist ideal für zwischendurch und kann für einen etwas süßeren Geschmack mit etwas Puderzucker bestäubt werden.

Pastinaken-Ingwer-Gebäck

Zubereitungszeit: 30-60 Minuten

Nährwertangaben: Kalorien: 140 kcal, Kohlenhydrate: 18 g, Fett: 5 g, Eiweiß: 4 g

Zutaten für 16 Brötchen:

- 150 g Pastinaken (alternativ Möhren)
- 30 g getrocknete Aprikosen
- 200 g Weizenmehl
- 3 TL Backpulver
- ½ TL Salz
- 2 EL Zucker
- 100 g zarte Haferflocken
- 200 g Magerquark
- 1 Ei
- 60 ml Rapsöl
- 1 Stück Ingwer (ca. 4 cm)
- 2 EL Sonnenblumenkerne
- Backpapier

Zubereitung:

1. Backofen zum Vorheizen auf 180 Grad (Umluft 160 Grad) anstellen.
2. Die Pastinaken säubern, schälen und mit einem Küchengerät oder Reibe in feine Raspeln vorbereiten. Die getrockneten Aprikosen hacken bis feine Stückchen entstehen.
3. Eine Schüssel nehmen und Mehl mit Backpulver vermengen. Dazu Salz, Zucker und die Haferflocken mischen. Weiterhin die Pastinakenraspeln und Aprikosen dazu mischen. Mit Quark, Ei und Öl die Mischung so verarbeiten, dass ein zusammenhängender Teig entsteht. Den Inger mit einer Knoblauchpresse zerkleinern und auch in den Teig kneten.
4. Ein Backblech nehmen und mit Backpapier belegen. Teig mit nassen Händen zu 16 gleichmäßig großen Brötchen oder alternativ Stangen formen. Diese auf dem Blech verteilen. Die Oberseite der Brötchen mit einem Messer einritzen und die Sonnenblumenkerne darüber streuen.
5. Das Gebäck auf mittlerer Schiene bei 180 Grad (Umluft 160 Grad)

für etwa 20 Minuten backen.

6. Nach der Backzeit Brötchen warm oder im kalten Zustand mit Belag oder auch Dipbeilage servieren. Auch als Frühstückidee bietet sich das frische Gebäck an.

Smoothie: Apfel-Minze

Zubereitungszeit: 5 Minuten

Nährwertangaben: Kalorien: 339 kcal, Kohlenhydrate: 63 g, Fett: 5 g, Eiweiß: 8 g

Zutaten für 1 Portion:

- 1 große Banane
- 120 g fettarmer Joghurt
- 1 EL Leinsamen (geschrotet)
- 240 ml Apfelsaft (ungesüßt)
- Frische Minzblätter (nach Belieben)

Zubereitung:

1. Banane mit Joghurt, Leinsamen sowie gewaschenen Minzblättern in einen Mixer füllen. Ein paar Minzblätter für die Deko übriglassen.
2. Etwa 30 Sekunden mixen, Apfelsaft hinzufügen und nochmals mixen bis sich alle Bestandteile miteinander vermixt sind.
3. Den Smoothie in ein hohes Glas einfüllen und beliebig mit übrigen Minzblätter dekorieren.

Glutenfreie Kartoffelpizza

Zubereitungszeit: 30 Minuten, Backzeit: 50-60 Minuten

Nährwertangaben: Kalorien: 126 kcal, Kohlenhydrate: 14,6 g, Fett: 4 g, Eiweiß: 7 g

Zutaten für 16 Portionen (1 Springform á 28 cm):

- 800 g Kartoffeln (festkochend)
- Eiersatz für 3 Eier
- Pfeffer
- Jodsalz
- ½ TL Paprikapulver (edelsüß)
- Muskatnuss
- 1-2 EL Kartoffelmehl
- 1 rote Paprikaschote
- 1 mittelgroße Zucchini
- 1 Dose Mais (285 g Abtropfgewicht)
- 400 g Tomaten (stückig aus der Dose)
- 2 TL getrocknete italienische Kräuter
- 150 g gekochter Schinken in Scheiben
- 150 g Geflügelsalami in Scheiben
- Margarine für die Form

Zubereitung:

1. Zum Vorheizen den Backofen auf 220 Grad anstellen.
2. Kartoffel von ihrer Schale befreien, waschen und mit Küchenmaschine oder Raspel in grobe Raspeln zubereiten. Den dabei entstehenden Kartoffelsaft in einem Behälter für später aufbewahren.
3. Je nach Herstellerinformation den Eiersatz herstellen und mit den Kartoffellraspeln mischen. Weiterhin Pfeffer, Salz sowie Paprikapulver und Muskat hinzufügen.
4. Auch das Kartoffelmehl kann nun mit in die Masse. Wichtig ist, dass der Teig am Ende eine zähflüssige Konsistenz hat, was mit Hinzugeben des Kartoffelwassers möglich ist.
5. Ist der Teig bereit, kann er in eine eingefettete Form gefüllt werden und im Backofen bei mittlerer Stufe für etwa 30-40 Minuten gebacken werden. Der Ofen sollte bei Backbeginn eine heiße

Temperatur bereits erreicht haben.

6. Während des Backes die Paprika waschen, entkernen und in Streifen teilen. Der Mais kann mit Hilfe eines Siebes von seinem Saft entfernt werden. Weiterhin kann die Zucchini gewaschen und in große Würfel geschnitten werden. Diese Zutaten werden als Belag für die Pizza dienen.
7. Ist der Teig bereit, können die stückigen Tomaten auf dem Teig verteilt werden. Die italienischen Kräuter darauf verteilen und die Paprika, Zucchini und Tomaten darüber geben. Der Schinken und die Geflügelsalami können ebenfalls in kleine Würfel geschnitten werden und auf der Pizza verteilt werden.
8. Die Pizza für weitere 20 Minuten in den Ofen schieben und nach Backzeit mit evtl. einem frischen Salat servieren.
9. Die Pizzastücke bieten sich ideal auch zum Mitnehmen oder Snack zwischendurch an, denn auch kalt bereitet die Kartoffelpizza eine Gaumenfreude.

Apfelkuchen mit Rosinen

Zubereitungszeit: 60-90 Minuten, Backzeit: 45 Minuten

Nährwertangaben: Kalorien: 210 kcal, Kohlenhydrate: 37 g, Fett: 6 g, Eiweiß: 0,5 g

Zutaten für 12 Portionen (1 Springform á 26 cm):

- 750 g Äpfel
- 100 g Rosinen
- 80 g Margarine (ohne Soja und Milchprodukt)
- 80 g Zucker
- Zimt (nach Belieben)
- 1 Päckchen Vanillezucker
- 2 EL Ei-Ersatzpulver
- 200 g Kartoffelmehl
- 1 Päckchen Backpulver
- 150 ml Reismilch (ungesüßt)
- 1 EL Puderzucker
- Backpapier
- Fett für die Form

Zubereitung:

1. Zum Vorheizen den Backofen auf mittlerer Stufe auf 175 Grad einstellen. Eine Backform am Boden mit Backpapier auslegen und Ränder mit etwas Fett einfetten.
2. Äpfel waschen, die Kerne entfernen und in Spalten schneiden. Diese nebeneinander auf den Boden der Form verteilen. Darüber die Rosinen gleichmäßig streuen.
3. Eine Backschüssel nehmen und Margarine, Zucker und Vanillinzucker schaumig mixen. Weiterhin das Ei-Ersatzpulver, Kartoffelmehl sowie Backpulver und Reismilch hinzufügen. Die Mischung auf den Äpfelspalten mit den Rosinen schichten.
4. Nun kann der Kuchen in den Ofen und auf mittlerer Stufe bei 150 Grad etwa 45 Minuten backen lassen.
5. Ist der Kuchen fertig, kann er aus der Form gelöst werden und auf einer schönen Kuchenplatte gestürzt werden. Das Backpapier entfernen, auskühlen lassen und zur süßen Note mit Puderzucker und Zimt bestreuen.

Quinoa-Fladen mit Parmaschinken

Zubereitungszeit: 30-40 Minuten

Nährwertangaben: Kalorien: 433 kcal, Kohlenhydrate: 43 g, Fett: 22 g, Eiweiß: 12,5 g

Zutaten für 4 Portionen:

- 50 g Quinoa (trocken)
- 200 ml Wasser
- 1 TL Salz
- 1 Prise Rohzucker
- 2 EL Zitronensaft (evtl. weglassen)
- 4 Eier
- 1 EL fettarmer Quark
- 1 EL Pflanzenöl
- 200 ml Sahne
- 100 g Mehl
- 3 EL Vollkornhaferflocken
- 8 Scheiben Parmaschinken
- 240 g Weintrauben oder Blaubeeren (bei Bedarf)

Zubereitung:

1. Den Quinoa waschen und gut abtropfen lassen. Einen Kochtopf mit 200 ml Wasser erhitzen, Quinoa hinzufügen und mit Salz und Rohrzucker bedeckt aufkochen lassen. Je nach Quinoasorte kann der Wasseranteil variieren, daher evtl. etwas Wasser abschütten oder hinzufügen.
2. Den Topf vom Herd nehmen und für weitere ca. 10 Minuten ziehen lassen. Sobald die komplette Flüssigkeit aufgesogen ist, den Quinoa in eine Schüssel geben und abkühlen lassen.
3. Nun die Eier, Quark und Öl in den Quinoa geben und die Sahne, Mehl und die Haferflocken ebenfalls mit in die Schüssel hinzufügen. Die Masse gut durchrühren, so dass alle Zutaten gut miteinander vermischt sind.
4. Etwas Pflanzenöl in der Pfanne erhitzen und etwa handgroße Portionen der Quinoamischung in die Pfanne geben. Die Fladen von beiden Seiten anbraten bis der Teig ausgebacken ist.
5. Die Fladen aus der Pfanne nehmen, abkühlen lassen und mit

Parmaschinken servieren. Auch frisches Obst wie Weintrauben oder Blaubeeren können dazu garniert werden und runden den Snack mit einem süßen Aroma ab.

Smoothie: Süße Erbsen

Zubereitungszeit: 5 Minuten

Nährwertangaben: Kalorien: 397 kcal, Kohlenhydrate: 83 g, Fett: 2,5 g, Eiweiß: 8 g

Zutaten für 2 Portionen:

- 720 ml Ananassaft (alternativ Apfelsaft)
- 230 g gefrorene Erdbeeren
- 150 g gefrorene Erbsen
- 2 Bananen

Zubereitung:

1. Die gefrorenen Erbsen in heißem Wasser kochen. Sobald sie weich sind, diese aus dem Topf entnehmen, abtropfen und abkühlen lassen.
2. Die Erbsen in einen Smoothie Mixer oder Küchengerät mit Mixfunktion einfüllen und alle anderen Zutaten hinzufügen.
3. Die Masse für etwa 30 Sekunden mixen bis eine glatte Konsistenz erreicht ist.
4. Den Smoothie gleichmäßig in zwei hohe Gläser eingießen und bei Bedarf mit zusätzlichen Eis kühlen.

Apfel-Kirsch Kuchen

Zubereitungszeit: 95 Minuten

Nährwertangaben: Kalorien: 302 kcal, Kohlenhydrate: 34 g, Fett: 15 g, Eiweiß: 6,5 g

Zutaten für 16 Portionen:

- 250 g Vollkornmehl
- 150 g Margarine
- 165 g Rohzucker
- 3 Eier (mittelgroß)
- 1 EL Crème fraîche
- 1 Bio-Zitrone
- 120 g Haferflocken (zartschmelzend)
- 500 ml fettarme Milch (alt. pflanzlich)
- 2 Pck. Vanillezucker
- 100 g Haferflocken (kernig)
- 150 g Kirschen
- 2 Stk. Äpfel (säuerlich)
- 80 g Haselnüsse (grob gehackt)
- 1 Prise Salz
- 1 Hand voll Butterflöckchen

Zubereitung:

1. Den Backofen auf 200 Grad vorheizen.
2. Zitrone heiß abwaschen, Schale fein abreiben sowie Saft auspressen. Dies zusammen mit Mehl, Margarine, 2 EL Rohrzucker sowie 1 Ei und Crème fraîche zu einem Mürbeteig kneten. Den Teig mit einer Folie umwickeln und für 1 Stunde kaltstellen.
3. Die Haferflocken (blütenzart) mit 120 g Rohrzucker und Vanillinzucker in der Milch aufkochen lassen.
4. Eigelb von Eiweiß von 2 Eiern trennen und in die heiße Milch mit einem Schneebesen einrühren. Nach ein bisschen Abkühlen die kernigen Haferflocken dazugeben. Die Kirschen für den Belag in Hälften schneiden. Äpfel waschen und Kerne entfernen sowie anschließend in kleine Würfel schneiden. Die Kirschen sowie Äpfel und Nüsse in den Haferflockenmix geben. Eiweiß mit etwas Salz schlagen und unterheben.

5. Eine rechteckige Form (30 x 20 cm) nehmen und den Teig darin auslegen. Den Rand ein paar cm nach oben formen und den Haferflockenmix in die Form einfüllen.
6. Äpfel waschen sowie schälen und in gleichmäßige Fächer schneiden. Die Fächer auf der Oberfläche des Kuchens verteilen und etwa 1 EL Rohrzucker darüber streuen. Die Butterflöckchen gleichmäßig darüber geben.
7. Den Kuchen in den Ofen schieben und etwa für 50 Minuten bei 200 Grad backen. Sobald der Kuchen fertig ist, ihn noch im warmen Zustand servieren.

Smoothie: Grüne Power

Zubereitungszeit: 5 Minuten

Nährwertangaben: Kalorien: 320 kcal, Kohlenhydrate: 46 g, Fett: 6 g, Eiweiß: 18 g

Zutaten für 2 Portionen:

- ½ Kopf Grünkohl
- ½ Kopf junger Blattspinat
- 1 Mango
- 1 Apfel
- 225g frische Erdbeeren
- 240 g fettarmer Joghurt
- 1 TL Honig (alt. Agavensirup)

Zubereitung:

1. Den Grünkohl und Blattspinat putzen, waschen und in den Smoothie Mixer platzieren. Es dient auch eine Schüssel ind der man den Smoothie mit einem Küchenmixer zubereiten kann.
2. Alle anderen Zutaten hinzufügen und den Smoothie mixen bis sich die Zutaten miteinander vermischt haben.
3. Je nach Geschmack kann später auch noch etwas Honig oder Agavensirup hinzugefügt werden.
4. Der Smoothie zeugt von seiner grünen Vitalität und ist besonders am Morgen ein Powerkick in den Tag.

Haferwaffel-Snack

Zubereitungszeit: 20 Minuten

Nährwertangaben: Kalorien: 1209 kcal, Kohlenhydrate: 118 g, Fett: 35 g, Eiweiß: 62 g

Zutaten für 1 Portion:

- 1 Apfel
- 2 Eier
- 1 Prise(n) Salz
- 50 g Margarine
- 70 g Mehl
- 50 g Haferkleie (Fleks)
- 30 g Haferkleie (Flocken)
- 200 ml Buttermilch
- 1 TL Kokosöl
- 1 EL Apfelmus

Zubereitung:

1. Den Apfel waschen, schälen und mit einem Küchengerät in feine Raspeln vorbereiten.
2. Die Eier mit etwas Salz und Margarine zusammenmischen. Weiterhin Mehl sowie Haferkleie (Fleks und Flocken) mit Buttermilch und vorbereiteten Apfelraspeln dazugeben. Solange Rühren bis ein Teig entsteht und diesen für etwa 5 Minuten quellen lassen.
3. Ein Waffeleisen anstellen und mit dem Kokosöl einfetten. Den Teig darauf verteilen und Waffeln backen bis sie eine goldene Bräune erreichen.
4. Noch warme Waffel zusammen mit Apfelmus servieren. Die übrigen Waffeln können auch eingefroren werden und super als Snack an einem späteren Zeitpunkt verzerrt werden.

Smoothie: Tropische Mandelmilch

Zubereitungszeit: 5 Minuten

Nährwertangaben: Kalorien: 294 kcal, Kohlenhydrate: 54 g, Fett: 8 g, Eiweiß: 7 g

Zutaten für 1 Portion:

- 240 ml Mandelmilch (ungesüßt)
- 240 ml Apfelsaft (ungesüßt)
- 120 g fettarmer griechischer Joghurt
- 6 gefrorene Erdbeeren
- 115 g gefrorene Ananas (alternativ Mango)
- 1 TL Kurkuma

Zubereitung:

1. Alle Zutaten in den Smoothie Mixer einfüllen oder ein Küchengerät mit Mixfunktion nutzen.
2. Solange den Smoothie mixen bis alle Zutaten verkleinert sind. Bei Bedarf kann die Menge der Mandelmilch sowie der Früchte angepasst werden.
3. Die fertige Masse in ein hohes Glas gießen und am besten direkt trinken, da der Smoothie in seiner kühlen Temperatur besonders lecker schmeckt.

Danke

Vielen Dank, dass sie dieses Buch gekauft haben.
Wir hoffen, es hat Ihnen gefallen und Ihre Erwartungen haben sich erfüllt.
Wir wünschen Ihnen für Ihre Zukunft alles Gute und vor allem Gesundheit. Hoffentlich konnten Sie dafür etwas aus diesem Buch für sich mitnehmen.
Wir würden uns sehr darüber freuen, wenn Sie dieses Buch weiterempfehlen würden und ein Feedback in Form einer Bewertung da lassen.

Quellen

-depositphotos.com

Haftungsausschluss

Der Inhalt dieses Buches wurde mit großer Sorgfalt geprüft und erstellt. Für die Vollständigkeit, Richtigkeit und Aktualität der Inhalte kann jedoch keine Garantie oder Gewähr übernommen werden. Der Inhalt dieses Buches repräsentieren die persönliche Erfahrung und Meinung des Autors und dient nur dem Unterhaltungszweck. Der Inhalt sollte nicht mit medizinischer Hilfe verwechselt werden. Es wird keine juristische Verantwortung oder Haftung für Schäden übernommen, die durch kontraproduktive Ausübung oder durch Fehler des Lesers entstehen. Es kann auch keine Garantie für Erfolg übernommen werden. Der Autor übernimmt daher keine Verantwortung für das Nicht-Erreichen der im Buch beschriebenen Ziele.

Impressum
1. Auflage 2019

Kontakt: Philipp Buhles / Marderbruch 16 / 48565 Steinfurt
Covergestaltung: Pseudonym,
Coverfoto: depositphotos.com

Printed in Poland
by Amazon Fulfillment
Poland Sp. z o.o., Wrocław

53357556R00092